DECORATIVE MATERIALS AND CONSTRUCTION TECHNOLOGY

高等职业教育艺术设计类课程规划教材

装饰材料
与施工工艺

王 斌 主 编

李 丽 陈 熙 武 凡 副主编

大连理工大学出版社

图书在版编目(CIP)数据

装饰材料与施工工艺 / 王斌主编 . -- 大连：大连
理工大学出版社，2024.11
高等职业教育艺术设计类课程规划教材
ISBN 978-7-5685-4494-8

Ⅰ . ①装… Ⅱ . ①王… Ⅲ . ①建筑材料—装饰材料—
高等职业教育—教材②建筑装饰—工程施工—高等职业教
育—教材 Ⅳ . ① TU56 ② TU767

中国国家版本馆 CIP 数据核字 (2023) 第 113858 号

大连理工大学出版社出版

地址：大连市软件园路80号　　　　　　邮政编码：116023
营销中心：0411-84707410　0411-84708842　　邮购及零售：0411-84706041
E-mail：dutp@dutp.cn　　　　　　　　　　URL：https://www.dutp.cn
大连图腾彩色印刷有限公司印刷　　　　　大连理工大学出版社发行

幅面尺寸：240mm×225mm　　　　印张：15　　　　字数：295千字
2024年11月第1版　　　　　　　　　　　2024年11月第1次印刷

责任编辑：马　双　　　　　　　　　　　责任校对：李　红
封面设计：对岸书影

ISBN 978-7-5685-4494-8　　　　　　　　　　定价：68.80 元

本书如有印装质量问题，请与我社营销中心联系更换。

前言

Preface

随着社会经济迅猛发展，人们的生活水平不断提高，对建筑空间环境质量的要求也越来越高。经济的发展推动了建筑业的发展，建筑业的发展进一步提高了国民经济水平，建筑业在国民经济中占据着十分重要的地位。装饰材料作为建筑装饰设计的重要物质基础，贯穿装饰工程设计的全过程，是保证建筑装饰质量的关键环节之一。为构建可持续发展社会，绿色环保装饰材料开始出现在建筑装饰工程中，在建筑装饰工程方案设计中选择合适的装饰材料，提供施工工艺质量管理，对提升建筑工程整体质量具有十分重要的作用。因此，现代建筑业想在激烈的市场竞争中脱颖而出，占据主导地位，实现长远、可持续发展的重要战略目标，就必须合理选择装饰材料，不断优化施工工艺。

本教材面向室内装饰设计师等职业，满足室内方案设计、室内施工图深化设计、软装设计与搭配、室内照明设计等相关岗位（群）需求。培养学生具备住宅和公共建筑空间设计、室内装饰施工图绘制与深化设计、室内装饰工程施工技术交底、智能家居应用等能力，具有工匠精神和信息素养，能够从事住宅和公共建筑的室内方案设计、室内施工图深化设计、软装设计与搭配、室内照明方案设计等职业岗位。

全书以项目为载体组织教学内容并以项目活动为主要学习方式，注重培养学生的综合能力。全书共有六个项目，项目一介绍建筑装饰材料、装饰工程施工工艺流程等基础知识，厘清室内装饰工程施工工艺步骤、施工中的重点及注意事项；项目二介绍装饰工程中的给排水工程设计与实施；项目三介绍装饰工程中电工程设计与实施；项目四介绍装饰工程中木工工程设计与实施；项目五介绍装饰工程中泥工工程设计与实施；项目六介绍装饰工程中涂料工程设计与实施。

本教材对技能操作内容提供了详细的操作步骤，每个项目都附有实训和习题，供学生进行技能训练，帮助学生进一步巩固基础知识。

本教材由河南职业技术学院王斌担任主编，河南职业技术学院李丽、陈熙、武凡担任副主编。为了增强本教材的专业实践性，本次教材编写联合了企业专业人员共同完成，华埔建筑装饰工程有限公司刘瑞南提供施工技术资料支持并参与编写。具体编写分工如下：王斌编写项目一、项目二、项目三和项目五中的任务一，李丽编写项目四，陈熙编写项目六，武凡编写项目五中的任务二、任务三和任务四。

在编写本教材的过程中，编者参考、引用和改编了国内外出版物中的相关资料以及网络资源，在此表示深深的谢意！相关著作权人看到本教材后，请与出版社联系，出版社将按照相关法律的规定支付稿酬。

由于编者知识水平和认知程度有限，书中难免有错误和不足之处，敬请使用本教材的读者们批评指正。

编　者
2024 年 11 月

所有意见和建议请发往：dutpgz@163.com
欢迎访问职教数字化服务平台：https://www.dutp.cn/sve/
联系电话：0411-84707492　84706104

目录

Contents

本书微课视频列表

项目一
建筑装饰材料与施工工艺流程

学习目标

1. 了解建筑装饰材料的分类及功能；

2. 掌握建筑装饰材料的性质，厘清室内装饰工程的施工工艺流程、施工中的重点及注意事项；

3. 具备一定的沟通交流能力，理论与实操相结合。

知识思维导图

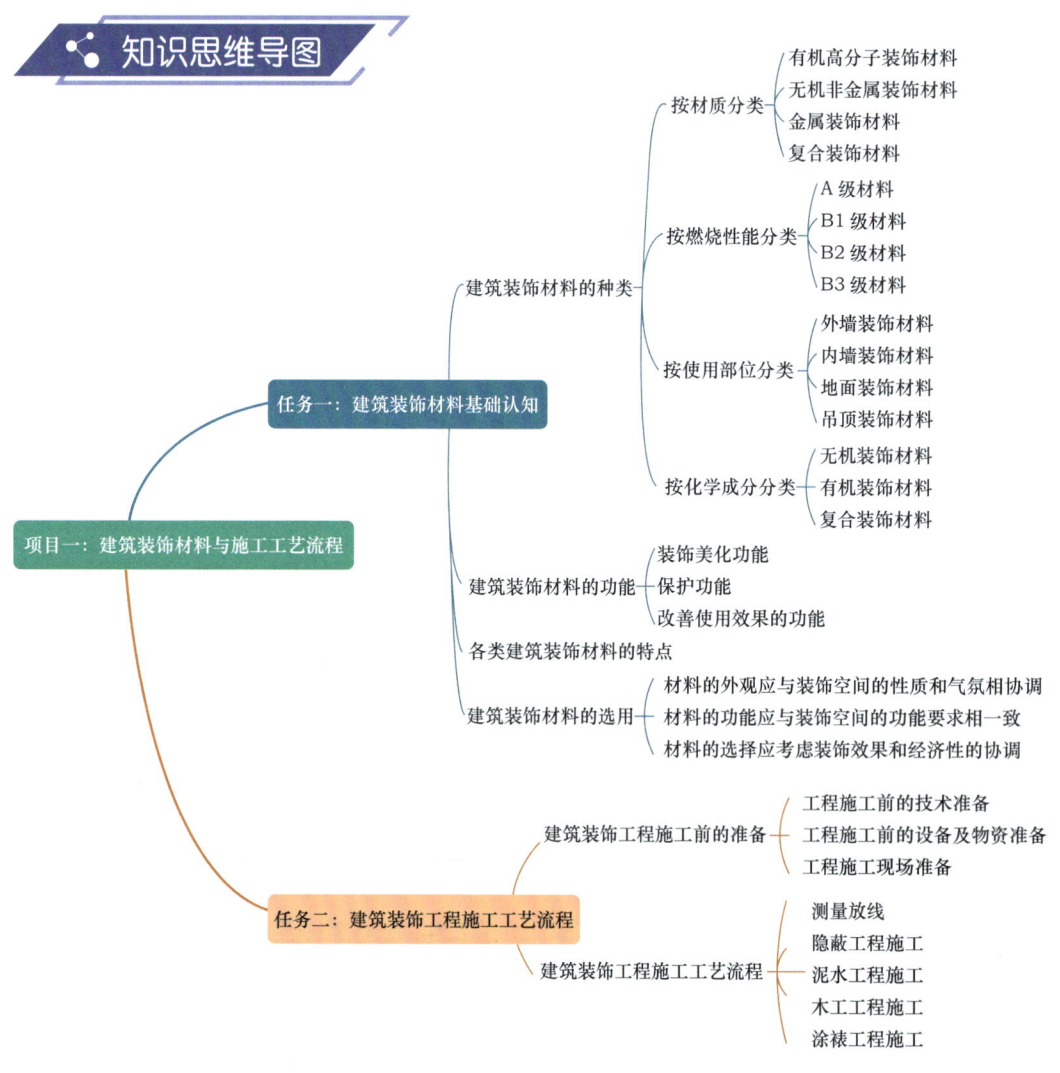

任务一

建筑装饰材料基础认知

任务描述

　　建筑装饰材料主要用于装饰建筑物内外墙壁或制作内墙，并在装饰的基础上实现部分使用功能。按用途划分，建筑装饰材料主要分为两类：室内装饰材料与室外装饰材料。室内装饰材料按形状划分可以分为板材、片材、型材、线材，其材料材质有涂料、实木、压缩板、复合材料、夹芯结构材料、泡沫、毛毯等；室外装饰材料主要有水泥砂浆、剁假石、水磨石、彩砖、瓷砖、油漆、陶瓷面砖、玻璃幕墙、铝合金等。本次学习的主要任务是了解建筑装饰材料的分类及功能，使学生能结合实际列举出常用的装饰材料并熟知其功能，能厘清室内装饰工程的施工工艺流程、施工中的重点及注意事项。

知识链接

图 1-1　有机高分子装饰材料

一、建筑装饰材料的种类

1. 建筑装饰材料按材质分类

建筑装饰材料的种类

　　（1）有机高分子装饰材料：指由有机物构成的装饰材料，主要包括天然有机物和人工合成有机材料两类，如木材、塑料、有机涂料等，如图 1-1 所示。

　　（2）无机非金属装饰材料：指由无机物构成的非金属材料，如玻璃、大理石、花岗石、瓷砖、水泥等，如图 1-2 所示。

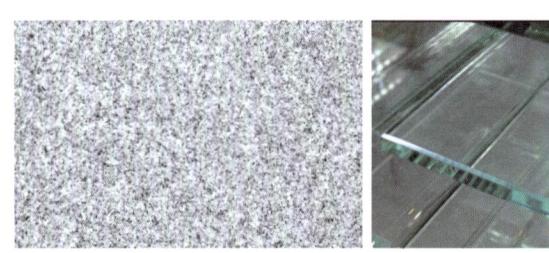

图 1-2　无机非金属装饰材料

（3）金属装饰材料：主要包括黑色金属装饰材料和有色金属装饰材料两类，如轻钢龙骨、铝合金、不锈钢、钢制品等，如图 1-3 所示。

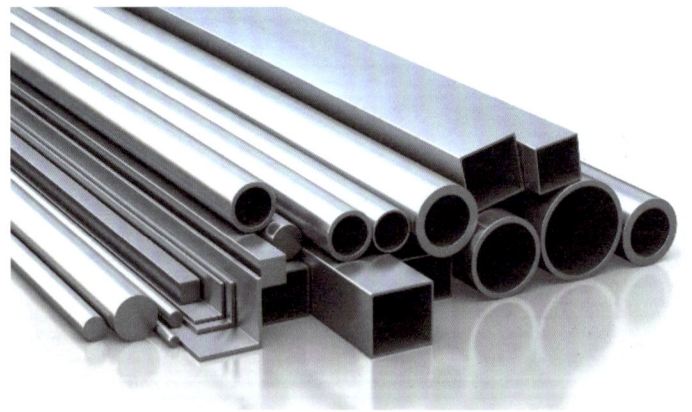

图 1-3　金属装饰材料

（4）复合装饰材料：主要包括有机 - 无机复合材料、金属 - 非金属复合材料两类，如玻璃钢、人造大理石、彩色涂层钢板、铝塑板等，如图 1-4 所示。

图 1-4　复合装饰材料

2. 建筑装饰材料按燃烧性能分类（表 1-1）

（1）A 级材料：指在空气中遇明火或在高温作用下不起火、不碳化、不燃烧的材料，属非燃烧材料。

（2）B1 级材料：指在空气中受到火烧或在高温作用下难起火、难微烧、难碳化，当火源挪走后，燃烧或微烧立即停止的材料，属难燃烧材料。

（3）B2 级材料：指在空气中受到火烧或在高温作用下立即起火或燃烧且火源挪走后仍继续燃烧的材料，属可燃烧材料。

（4）B3 级材料：指在空气中受到火烧或在高温作用下立即起火并迅速燃烧且离开火源后仍继续燃烧的材料，属易燃材料。

表 1-1　建筑装饰材料按燃烧性能分类

材料类别	级别	材料举例
各部门材料	A	花岗石、大理石、水磨石、水泥制品、混凝土制品、石膏板、石灰制品、黏土制品、玻璃、瓷砖、马赛克、钢铁、铝、铜合金等
顶棚材料	B1	纸面石膏板、纤维石膏板、水泥刨花板、矿棉装饰吸声板、玻璃棉装饰吸声板、珍珠岩装饰吸声板、难燃胶合板、难燃中密度纤维板、岩棉装饰板、难燃木材、铝箔复合材料、难燃酚醛胶合板、铝箔玻璃钢复合材料等
墙面材料	B1	纸面石膏板、纤维石膏板、水泥刨花板、矿棉板、玻璃棉板、珍珠岩板、难燃胶合板、难燃中密度纤维板、防火塑料装饰板、难燃双面刨花板、多彩涂料、难燃墙纸、难燃墙布、难燃仿花岗岩装饰板、氯氧镁水泥装配式墙板、难燃玻璃钢平板、PVC塑料护墙板、轻质高强复合墙板、阻燃模压木质复合板材、彩色阻燃人造板、难燃玻璃钢等
墙面材料	B2	各类天然木材、木制人造板、竹材、纸制装饰板、装饰微薄木贴面板、印刷木纹人造板、塑料贴面装饰板、聚脂装饰板、复塑装饰板、塑纤板、胶合板、塑料壁纸、无纺贴墙布、墙布、复合壁纸、天然材料壁纸、人造革等
地面材料	B1	硬PVC塑料地板、水泥刨花板、水泥木丝板、氯丁橡胶地板等
地面材料	B2	半硬质PVC塑料地板、PVC卷材地板、木地板、氯纶地毯等
装饰织物	B1	经阻燃处理的各类难燃织物等
装饰织物	B2	纯毛装饰布、纯麻装饰布、经阻燃处理的其他织物等
其他装饰材料	B1	聚氯乙烯塑料、酚醛塑料、聚碳酸酯塑料、聚四氟乙烯塑料、三聚氰胺、脲醛塑料、硅树脂塑料装饰型材、经阻燃处理的各类织物等。 另见顶棚材料和墙面材料中的有关材料
其他装饰材料	B2	经阻燃处理的聚乙烯、聚丙烯、聚氨酯、聚苯乙烯、玻璃钢、化纤织物、木制品等

3. 建筑装饰材料按在装饰工程中的使用部位分类（表 1-2）

（1）外墙装饰材料：主要用于装饰建筑外墙，家居装饰一般不会用到该类材料。建筑外墙装饰材料主要有水刷石、水泥砂浆、釉面砖、油漆、锦砖、白水泥、剁假石等，此外一些新型建筑外墙装饰材料，如聚合物、涂料、玻璃幕墙、石棉水泥板、铝合金制品等正在被一些新型工程所采用。我们走在大街上，随时随地可以看见各种建筑外墙装饰材料，每一种在装饰效果及功能上都有其独特的优势。

（2）内墙装饰材料：主要用于装饰建筑内墙。传统内墙装饰，通常用墙粉或者石灰水进行涂刷，该方法适用于一般建筑，但是容易被污染。现在大多数建筑及家居的内部装饰，更多地使用平光调和漆，这种材料不易被污染，而且色彩丰富，但其掺入的有机溶剂挥发性较强，容易影响施工人员健康。随着科学的不断发展，现如今很多工程也采用油漆进行内墙装饰。此外，内墙的建筑装饰材料还有玻璃、纤维贴墙布、塑料壁纸等。其中壁纸的使用比较多，因为其花色、图案都非常丰富，而且装饰效果极强。

（3）地面装饰材料：主要用于装饰地面，也可以用于内墙装饰。地面装饰材料是建筑装饰中的基础材料。常用的地面装饰材料有大理石、水泥砂浆、水磨石、木地板等。大理石地面美观清晰，纹理清楚；水泥砂浆地面使用广泛，耐磨性强，但隔音性差，没有弹性；水磨石地面美观光亮，耐磨性较强，可以设计成各种各样的花纹图案；木地板热导率较低，弹性强，给人自然柔和的感觉，而且经久耐用，图案颜色也很丰富，适用范围较广。此外，新型的地面建筑装饰材料也很多，如软性地板、地毯等。

（4）吊顶装饰材料：主要用于装饰吊顶。吊顶装饰材料主要有塑料吊顶板、矿物吸声板、金属吊顶板、木质装饰板四种。

①塑料吊顶板：主要有玻璃钢吊顶板、有机玻璃板、钙塑装饰吊顶板和 PS 装饰板。

②矿物吸声板：主要有玻璃棉吸声板、石膏吸声板、石膏装饰板、珍珠岩吸声板和矿棉吸声板。

③金属吊顶板：主要有金属微穿孔吸声吊顶板、金属箔贴面吊顶板和铝合金吊顶板。

④木质装饰板：主要有软质穿孔吸声纤维板、硬质穿孔吸声纤维板和木丝板。

表1-2　建筑装饰材料按在装饰工程中的使用部位分类（节选）

材料种类	品种	材料举例
内墙装饰材料	墙面涂料	墙面漆、有机涂料、无机涂料
	墙纸	纸面纸基壁纸、纺织物壁纸、天然材料壁纸、塑料壁纸
	装饰板	木质装饰人造板、树脂浸渍纸高压装饰层积板、塑料装饰板、金属装饰板、矿物装饰板、陶瓷装饰壁画、穿孔装饰吸音板、植绒装饰吸音板
	墙布	玻璃纤维贴墙布、麻纤无纺墙布、化纤墙布
	石饰面板	天然大理石饰面板、天然花岗石饰面板、人造大理石饰面板、水磨石饰面板
	墙面砖	陶瓷釉面砖、陶瓷墙面砖、陶瓷锦砖、玻璃马赛克
地面装饰材料	地面涂料	地板漆、水性地面涂料、乳液型地面涂料、溶剂型地面涂料
	木、竹地板	实木条状地板、实木拼花地板、实木复合地板、人造板地板、复合强化地板、薄木敷贴地板、立木拼花地板、集成地板、竹条状地板、竹质拼花地板
	聚合物地坪	聚醋酸乙烯地坪、环氧地坪、聚酯地坪、聚氨酯地坪
	地面砖	水泥花阶砖、水磨石预制地砖、陶瓷地面砖、马赛克地砖、现浇水磨石地砖

4. 建筑装饰材料按化学成分分类（表 1-3）

建筑装饰材料按化学成分分类有很多种分类，详见表 1-3。

表 1-3　建筑装饰材料按化学成分分类

材料种类		品种	材料举例
无机装饰材料	金属装饰材料	黑色金属	钢、不锈钢、彩色涂层钢板等
		有色金属	铝及铝合金、铜及铜合金等
	非金属装饰材料	气硬性胶凝材料	石膏、石灰、装饰石膏制品等
		水硬性胶凝材料	白水泥、彩色水泥等
			装饰混凝土及装饰砂浆、白色及彩色硅酸盐制品
		天然石材	花岗石、大理石等
		烧结与熔融制品	烧结砖、陶瓷、玻璃及制品、岩棉及制品等
有机装饰材料	植物材料		木材、竹材、藤材等
	合成高分子材料		各种建筑塑料及其制品、涂料、胶黏剂、密封材料等
复合装饰材料	无机材料基复合材料		装饰混凝土、装饰砂浆等
	有机材料基复合材料		树脂基人造装饰石材、玻璃钢等 胶合板、竹胶板、纤维板、保丽板等
	其他复合材料		塑钢复合门窗、涂塑钢板、涂塑铝合金等

二、建筑装饰材料的功能

1. 装饰美化功能

装饰材料特有的美化功能（装饰性）是通过材料本身的形式、色彩和质感来实现的。

形式：指装饰材料本身的形状、尺寸及其使用后形成的图形效果，包括材料组合后形成的界面图形、界面边缘及材料交接处的线脚等。人们在使用装饰材料时可以有意识地利用其形式特点，结合一些美学规律和手法对装饰材料进行排列组合，形成新的形式与图案，这样既能获得更好的装饰效果，又可以节约装修成本。

色彩：指装饰材料表面不同的颜色，它可以给人带来不同的心理感受，如红色、橘红色给人一种温暖、热烈的感觉，绿色、蓝色则给人一种宁静、清凉的感觉。材料的色彩既可以源自其本色，也可以通过染色等方式获得或改变，还可能因不同的光照条件而有所变化。

质感：是指材料的表面组织结构、花纹图案、颜色、光泽、透明性等给人的一种综合感觉。如钢材、陶瓷、木材、玻璃、呢绒等材料在人们的感官中呈现出的软硬、轻重、粗细、冷暖等感觉。组成相同的材料也可以有不同的质感。一般而言，粗糙不平的表面给人以粗犷豪放的感觉，而光滑细致的平面则能带来细腻精美的装饰效果。

材料的形、色、质与空间环境的其他因素（如光线等）完美融合，协调统一，才能具有艺术感染力。设计师应熟练地掌握各种装饰材料的性能、装饰功能、装饰效果及其获得途径，从而合理选择并正确使用装饰材料，进而使建筑物获得美感。

2. 保护功能

保护功能指的是装饰材料对建筑外墙或建筑内的结构、构件所起到的保护作用。建筑物外墙面长期受到风吹、日晒、雨淋、冰冻及腐蚀性气体和微生物的破坏，内墙面和地面也常受到机械的磨损、摩擦、撞击、水气渗透或污染等。人们通过一定的施工或构造方法，将装饰材料铺设、粘贴或涂刷在建筑表面，可以对建筑构件起到一定的保护作用，在美化建筑的同时还能提高建筑的耐久性和实用性。

人们在建筑物的外墙上常使用面砖、饰材等做贴面装饰，这样可以对墙面起到一定的保护作用；在住宅内部，人们沿墙体设置的墙裙，能够有效保护墙体不受家具及人的撞击磨损，以上都是装饰材料发挥保护功能的典型实例。

3. 改善使用效果的功能

由于材料本身的特性或采用特定的加工方式，某些装饰材料不仅能美化、保护建筑，还能使建筑的使用功能及效果得到一定的改善和提升，如增强建筑的防潮防水、保温隔热、吸声隔音、耐热防火等能力。例如：防火装饰板、石膏装饰板等既是很好的饰面材料，又有较好的阻燃效果；夹丝安全玻璃有一定的抗爆作用；地毯、吸音矿棉板是很好的吸声材料；等等。

三、各类建筑装饰材料的特点

1. 不锈钢装饰材料的特点

不锈钢装饰材料与所有金属材料一样，具有独特的金属质感，丰富多变的色彩、图案及造型。与铝合金装饰材料一样，不锈钢装饰材料也具有不易锈蚀的特点，因此可较长时间地保持初始的装饰效果。抛光不锈钢还具有如同镜面的效果，将这种材料用于建筑装饰中，其镜面的反射作用可使其产生与周围环境中的各种色彩、景物交相辉映的效果。抛光不锈钢强大的反射光线的能力还能使其在灯光的配合下变得晶莹明亮，从而形成空间环境中的兴趣中心或注意点。此外，不锈钢与铝合金相比，具有强度和硬度较大的优点，因此，在施工和使用过程中不易发生变形。我国目前正在大力开发化学性能稳定、物理性能可靠、抗燃烧性能高的难燃、非燃

建筑装饰材料的功能

各类建筑装饰材料的特点

性建筑装饰材料，并因此大力开发金属装饰材料。不锈钢装饰材料迎合了这一潮流。不锈钢作为建筑装饰材料，既可用于室内，也可用于室外，既可作为非承重的纯粹装饰、装修制品，也可作为承重构件，应用十分广泛。

2. 木质装饰材料的特点

（1）不可替代的天然性。木、竹材是天然的，有独特的质地与构造，其纹理、年轮和色泽等能够给人以回归自然、返璞归真的感觉，深受广大消费者喜爱。

（2）典型的绿色材料。木、竹材本身不存在污染源，其散发的清香和纯真的视觉感受有益人们的身体健康。与塑料、钢铁等材料相比，木、竹材是可循环利用和永续利用的材料。

（3）优良的物理力学性能。木、竹材是质轻而强度高的材料，具有良好的绝热、吸声、吸湿和绝缘性能。同时，木、竹材与钢铁、水泥和石材相比具有一定的弹性，可以减缓冲击力，提高人们居住和行走的安全性。

（4）良好的加工性。木、竹材可以方便地进行锯、刨、铣、钉、剪等机械加工和贴、粘、涂、画、烙、雕等装饰加工。

3. 塑料装饰材料的特点

（1）PVC 材料：PVC 是聚氯乙烯的简称，PVC 材料是塑料装饰材料的一种，它以聚氯乙烯树脂为主要原料，加入适量的抗老化剂、改性剂等，经混炼、压延、真空吸塑等工艺加工而成。PVC 材料具有轻质、隔热、保温、防潮、阻燃、施工简便等特点。其规格、色彩、图案繁多，极富装饰性，可用于居室内墙或吊顶的装饰，是应用最为广泛的塑料装饰材料之一。

（2）PS 材料：PS 材料的电绝缘性尤其是高频绝缘性优良，无色透明，透光率仅次于有机玻璃，着色性、耐水性、化学稳定性良好，但强度一般，质脆，易产生应力脆裂，不耐苯、汽油等有机溶剂。PS 材料适于制作绝缘透明件、装饰件及化学仪器、光学仪器等零件。

PS 塑料的成形性能如下：

①无定形料，吸湿小，无须充分干燥，不易分解，但热膨胀系数大，易产生内应力，流动性较好，可用螺杆或柱塞式注射机成型。

②宜用高料温、高模温、低注射压力，延长注射时间有利于降低内应力，防止缩孔、变形。

③可用各种形式浇口，浇口与塑件圆弧连接，以免去除浇口时损坏塑件，脱模斜度大，顶出均匀，塑件壁厚均匀，最好不带镶件，如有镶件应预热。

4. 环保型建筑装饰材料的特点

（1）环保型建筑装饰材料大部分以废料、废渣、废弃物为主要原料，能够最大限度地综合利用自然资源。

（2）环保装饰材料采用的生产技术及工艺低能耗、无污染，有利于保护环境和维护生态平衡。

（3）环保装饰材料有利于人体健康。

（4）环保装饰材料具有高性能和多功能的特点，有利于建筑物使用与维护中的节能。

（5）环保装饰材料可循环再利用，建（构）筑物拆除后不会造成二次污染。

5. 饰面石材的特点

（1）天然花岗岩：天然花岗岩的核心特点是硬，其质地坚硬、耐磨，属于酸性硬石材，但不耐火。天然花岗岩分为优等品（A）、一等品（B）、合格品（C）三个等级，适宜做建筑大厅的地面。天然花岗岩可用于室内外装饰，室内装饰应用面积大于 200 m² 时，应对石材做放射性检验。

（2）天然大理石：天然大理石质地较软，属于碱性石材，可分为优等品（A）、一等品（B）、合格品（C）三个等级。天然大理石绝大多数用于室内，只有少数用于室外。

6. 建筑陶瓷的特点

（1）干压陶瓷砖：按照吸水率的差异分为瓷质砖和陶质砖。釉面内墙砖平均吸水率大于 20% 时，厂家应作说明。

（2）陶瓷卫生产品：瓷质卫生陶瓷的吸水率小于或等于 0.5%，陶质卫生陶瓷的吸水率大于 8%、小于或等于 15%。陶瓷卫生产品的主要技术指标是吸水率，高档卫生陶瓷吸水率不大于 0.5%，普通卫生陶瓷吸水率在 1% 以下。

7. 建筑玻璃的特点

（1）安全玻璃

①钢化玻璃：钢化玻璃强度高，碎片小，但可能自爆，使用时不能切割、磨削，边角亦不能碰击挤压。大面积玻璃幕墙宜选择半钢化玻璃，避免因受风荷载引起震动而自爆。

②夹层玻璃：夹层玻璃有较高的安全性，一般用于高层建筑的门窗、天窗、楼梯、栏板，或有抗冲击要求的商店、银行的橱窗、隔断，以及水下工程等安全性能要求高的场所或部位。

③防火玻璃：防火玻璃分为隔热型和非隔热型两种。

（2）节能装饰玻璃

节能装饰玻璃主要指中空玻璃，具有防结露、保温隔热、降低能耗、隔音良好等优点。

任务实施

建筑装饰材料的选用

建筑装饰材料的选用

装饰材料的选择直接影响装饰工程的使用功能和装饰效果，因此，人们在选择装饰材料时为满足其保护功能、使用功能和美化功能，应充分考虑材料的性能、外观及适用范围，还应对材料进行合理的搭配使用，从而达到理想的效果。

一般情况下，装饰材料的选择应遵循以下原则：

1. 材料的外观应与装饰空间的性质和气氛相协调

装饰材料的外观是指材料的视觉效果，合理使用材料的外观可以使装饰工程的环境显出层次，增加生机。

装饰空间的大小不同，选择的装饰材料不同。空间宽大的大堂、门厅应选用表面组织粗犷而坚硬的装饰材料，且适宜采用大线条的图案，以营造开阔的气氛，如图 1-5 所示；窄小的客房、卧室应选用质地细腻、体型轻柔的材料，同时宜采用曲线线条的小型图案，以体现空间的精致、美观，如图 1-6 所示。

例如：大会堂庄严肃穆，常选用质感坚硬而表面光滑的材料，如大理石、花岗石等，色彩方面应采用较深色调而不应用五颜六色的装饰；医院气氛沉重而宁静，宜采用花饰较小的淡色调或素色的装饰材料。

图 1-5　某酒店大堂

图 1-6　卧室空间

装饰部位不同，材料的选择也不同。卧室墙面宜淡雅明亮，但应避免强烈反光，可采用塑料壁纸、墙布等装饰材料；厨房、卫生间应清洁、卫生，因而适宜采用白色瓷砖或水磨石装饰；舞厅是一个令人兴奋的场所，装饰可以色彩缤纷，色调和质感上能给人以刺激的装饰材料更为适宜。

2. 材料的功能应与装饰空间的功能要求相一致

由于不同的建筑空间对声、热、防火、防潮、防水等有不同的要求，因此，在选择材料时，其性能应与空间的功能要求相适应。在人流密集的公共场所，地面应选择耐磨性能好、易清洁的材料；厨房、卫生间等场所，应选择耐污、防水、防滑性良好的材料。不同的场地与空间，要采用与之相协调的不同材料。空间宽大的会堂、影剧院等，装饰材料的表面组织可粗犷而坚硬，图案方面可采用大线条的图案。室内宽敞的房间，也可采用深色调和较大图案，不会因此而使人产生空旷感或不适，如图1-7所示。对于城市中的小户型居室，其装饰要选择质感细腻、线型较细且有扩充空间效应的材料。

图1-7　某酒店豪华套房

3. 材料的选择应考虑装饰效果和经济性的协调

在装饰工程中，材料的费用占到一半以上，因此，材料的选择应从长远性、经济性的角度综合考虑，既要满足装饰场所目前的需要，又要考虑装饰场所日后的更新变化，保证总体上的经济性，使投资更加合理。如建筑外墙采用各种保温隔热性能优异的热反射玻璃或中空玻璃窗户，尽管一次性投资大，但能降低室内采暖或制冷所需的能源消耗，从长远来看，仍是经

济合理的。因此，从经济角度考虑，装饰材料的选择应有总体观念，不但要考虑到一次性投资，也应考虑到后期的维修费用，在关键问题上宁可加大投资，也要延长使用年限，保证总体上的经济性。如在浴室装修中，防水措施就极其重要，对此就应适当加大投资，选择高耐水性的装饰材料。

任务评价

评价内容	评价标准	权重%	得分
应用能力	掌握建筑装饰材料的种类	20	
	掌握建筑装饰材料的功能	30	
素养目标	在实际项目中灵活运用各种材料	50	

任务小结

建筑装饰材料具有质感美、色彩美、性能美等基本属性，是设计师重要的设计语言。设计师运用装饰材料可以营造出各种不同的空间环境风格。材料作为装饰界定空间的物质，不仅有实质内容，更有视觉、触觉的审美内涵。在建筑室内空间设计过程中，合理地配置各种材料就是为了满足使用空间的需要，同时达到美的视觉和触觉效果。材料的语义是非常丰富的，设计师必须精通其语汇，例如：木材纹理别致、自然淳朴；石材富有光泽、稳重庄严；钢铁坚硬深沉、挺拔刚劲；铝合金轻快、明亮；金银华丽、高贵；塑料细腻、致密、光滑、优雅、轻柔；有机玻璃明净、透亮；纤维柔软、温暖；等等。对装饰材料的挖掘和使用，依赖于设计师对其充分的认识，这样才能保证每一种材料都能得到恰当、理想的使用。

能力测试

一、选择题

1. 在空气中受到火烧或在高温作用下难起火、难微烧、难碳化的材料是（　　　）。

　　A. A 级材料　　　　　B. B1 级材料　　　　　C. B2 级材料　　　　　D. B3 级材料

2. 下列选项中，具有很好的吸声效果的材料是（　　　）。

　　A. 防火装饰板　　　B. 夹丝安全玻璃　　　C. 地毯、矿棉　　　　D. 木丝板

二、判断题

1. 无机非金属材料是指以无机物构成的非金属材料。　　（　　　）

2. 质感是指材料的表面组织结构、花纹图案、颜色、光泽、透明性等给人的一种综合感觉。　　（　　　）

3. 装饰材料特有的美化功能（装饰性）是通过饰材本身的形式、色彩和质感来表现的。　　（　　　）

三、填空题

1. 保护功能指的是装饰材料对建筑外墙或建筑内的＿＿＿＿＿＿＿＿＿＿＿＿＿＿＿＿起到的保护作用。

2. 金属吊顶板分为＿＿＿＿＿＿＿＿＿＿＿＿＿＿＿＿＿＿＿＿＿＿＿＿＿＿。

3. A 级材料是指在空气中遇火或在高温下＿＿＿＿＿＿＿＿＿＿＿＿＿的材料。

4. 有机高分子材料是指＿＿＿＿＿＿＿＿＿＿＿＿＿＿＿＿＿＿＿＿＿＿＿＿＿＿＿＿＿＿＿＿。

拓展训练

课后，学生在教师的指导下，通过相关建筑网站查找建筑装饰材料的内容，结合空间类型及使用情况，以小组形式展开讨论，并由各组组长做好讨论结果的记录。

任务二
建筑装饰工程施工工艺流程

任务描述

我们平时住的房子、学习的教室、实训室等的装饰施工都属于室内装饰施工的内容。大家能不能说出这些空间的装饰施工包括哪些工种和材料，它们的施工步骤又是如何的。

室内装饰工程施工工艺流程包括施工前的准备工作和施工中的主要工艺和流程。比如教室用电、家里卫生间的给水排水，属于室内装饰装修的隐蔽工程；教室的墙体，属于泥水工程；墙面的白色乳胶漆涂刷，属于涂裱工程。此外，你还了解哪些室内装饰装修的主要工艺呢？

知识链接

建筑装饰工程施工前的准备

1. 工程施工前的技术准备

施工技术准备工作从工程项目中标后即可进行。施工方首先要与设计单位进行联系，完成技术交底的工作，熟悉、审查施工图纸和各类相关文件资料。交底的方式有书面形式和现场沟通两种。班组、工人接受施工任务和技术交底后，要组织成员进行认真分析研究，弄清施工关键部位、质量标准、安全措施及操作要领。为做好施工准备工作，施工人员除掌握有关施工项目的文件资料外，还应该进行施工项目的实地勘察

和调查分析，了解施工规范和标准，获得有关数据的第一手资料，这对于编制科学的、符合实际的施工组织设计或施工项目管理实施规划是非常重要的。

2. 工程施工前的设备及物资准备

施工管理人员应尽早计算出各施工阶段需要的材料、施工机械、设备、工具等的用量，并说明供应单位、交货地点、运输方法等，特别是预制构件，必须尽早从施工图中摘录出构件的规格、质量、品种和数量，制成表格，向预制加工厂订货并确定分批交货清单和交货地点。施工管理人员应精确计算出大型施工机械及设备的工作日并确定其进场和退场时间，以提高机械利用率，节省租用费用。

3. 工程施工现场准备

工程施工现场应保持场地平整，接通施工临时用水、用电和道路，这项工作简称"三通一平"。为保证建筑材料、机械、设备和构件早日进场，施工现场必须保持主要通道及必要的临时性通道畅通。施工现场的通水包括给水和排水两个方面，施工用水包括生产与生活用水，其布置应按施工总平面图的规划进行安排，施工给水设施应尽量利用永久性给水线路。施工人员应根据各种施工机械用电负荷及照明用电量，

计算选择配电变压器，并与供电部门联系，按建筑施工现场临时用电的规范要求，架设好连接电力干线的工地内外临时供电线路及通信线路。施工现场的平整工作是按建筑总平面图进行的。为了施工安全和便于管理，施工人员应对指定的施工范围执行封闭施工。

任务实施

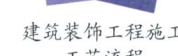

建筑装饰工程施工
工艺流程

建筑装饰工程施工工艺流程

1. 测量放线

装饰工程施工前，施工技术人员应在现场进行实地测量放样，并依据设计图纸用黑线画出墙体定位，核对现场尺寸。如发现现场尺寸与图纸标注有误差，施工方应通报监理方和业主方，并和设计方联系，及时做出相应的处理，不得擅自变更设计尺寸。施工人员应在每个层面测设 500 mm 或 1 000 mm 的标高线，并在墙上弹出墨线，作为建筑室内装饰工程的标高基准。此外施工人员还应确定各空间地面和天花板的高度，确保各空间高度一致。

2. 隐蔽工程施工

建筑室内装饰工程的强弱电和给排水管线敷设都属于隐蔽工程。为保证建筑室内空间的安全与美观，建筑室内装饰的水电管线都预埋在墙上或地面。

（1）为确保安全，穿在管内的导线或电缆在通常情况下不能接头，如必须接头应把接头放在接线盒、灯头盒或开关盒内。各个面板暗埋接线管应横平竖直，确保完成隐蔽施工后墙面挂饰、打针等能避开接线管。室内电器线与其他管道间应保持一定的距离，不宜小于 100 mm。隐蔽电线工程施工完成后，应校验、试通电，合格后业主方签名确认验收，最后才可以封隐。

（2）给排水隐蔽工程安装包括防水和给水管、排水管的预埋安装。室内的给排水管都预埋在墙面和地面，卫生间的排水排污管预埋在卫生间沉池。施工人员应通过试压检查给水管道和附件安装的严密性是否符合施工验收规范，此外给排水管的安装坡度应符合设计的要求，确保排水管道排水畅通。施工人员敷设好管道后应进行防水灌水试验，水满后观察水位是否下降，各接口和管道有无渗漏，经有关人员检验、办理隐蔽工程验收手续后，方可进入下一环节的施工。

3. 泥水工程施工

泥水工程施工属于室内装修的基础工程，包括砌墙、地面找平、地面铺设和墙面贴砖，只有先完成泥水工程才可以进行后期木工装饰部分的工程。泥水工程施工的平整对后期的装饰工程非常重要，因此施工人员在地面铺设前要定好各个空间地面的高度，一般情况下，除了阳台、厨房和卫生间地面完成面较低外，其他主要空间的地面完成面应高度统一，包括地面铺设木地板或地毯的空间也应在地面找平层预留木地板或地毯高度，以确保各空间即使铺设不同的材料，地面完成面也是平整的。

阳台、厨房和卫生间的地面铺砖要按设计坡度要求铺设，以避免地面积水。地面铺砖时施工人员应先选定材料尺寸，确定排列方案再进行铺设，如若最后一排为非整块材料且不够一半，则要两头切裁铺设，并将其镶贴在较隐蔽的位置。此外，为了加强面砖与基体的黏结，施工人员应先将墙面的松散混凝土清理干净并凿去明显凸出部分。

4. 木工工程施工

室内木工工程包括天花造型、墙面木工背景造型和地面铺实木地板、地台制作等等。天花造型包括夹板造型天花、石膏板造型天花、纸面石膏板天花和铝扣板天花，纸面石膏板天花和铝扣板天花多由厂家定制。墙面木工背景造型包括石膏板夹板隔墙及各种玻璃、不锈钢、铝塑板材料组合造型等。

木工工程施工首先是测量弹线，施工人员按图纸尺寸先在墙上画出水平标高线和分格线；然后是龙骨安装、基层板的安装；最后是面层材料的安装，面层材料包括板材、玻璃和软包材料等。木工工程施工一定要注意防水、防火的要求，注意安装的平整度和接缝收口的美观性。

5. 涂裱工程

涂裱工程包括墙面抹灰、刷乳胶漆，木门及木饰面油漆和墙纸裱糊工程。涂料施工最重要的是基层处理，抹灰面的灰渣及疙瘩等要铲除，表面要用砂纸打磨平整，必须在上一道工序干透后才可以进行下一道工序的施工。油漆工程要确保刷涂均匀、黏结牢固，不得漏涂、透底、起皮或掉粉。

任务评价

评价内容	评价标准	权重 %	得分
基础知识	掌握建筑室内装饰施工前的准备	20	
	掌握建筑室内装饰施工的主要工艺和流程	30	
应用能力	能够在实际装饰工程中按照工艺流程施工	50	

任务小结

通过本次任务的学习，同学们已经初步了解了建筑室内装饰的基本流程和主要施工工艺，了解了建筑室内装饰施工的步骤、施工中的重点及需要注意的事项，对各工种所需的装饰材料和工艺结构有了一定的认识。同学们课后还要通过自身学习和社会实践，收集建筑室内装饰工程的施工材料和施工图片，并对施工工艺做出归纳和总结。

能力测试

一、填空题

1. 在工程施工现场，应保持场地平整，接通施工临时用水、用电和道路，这项工作简称为_____。

2. 室内木工工程包括_____。

3. 建筑室内装饰工程包括_____。

4. 涂裱工程包括_____。

5. 室内电器线与其他管道间应保持一定的距离，不宜小于_____。

1. 每名同学收集和整理不少于 6 张有关建筑室内装饰施工的图片。

2. 学生以组为单位进行资料整理与汇总，并制作一份关于建筑室内装饰施工流程的 PPT，进行演讲展示汇报。

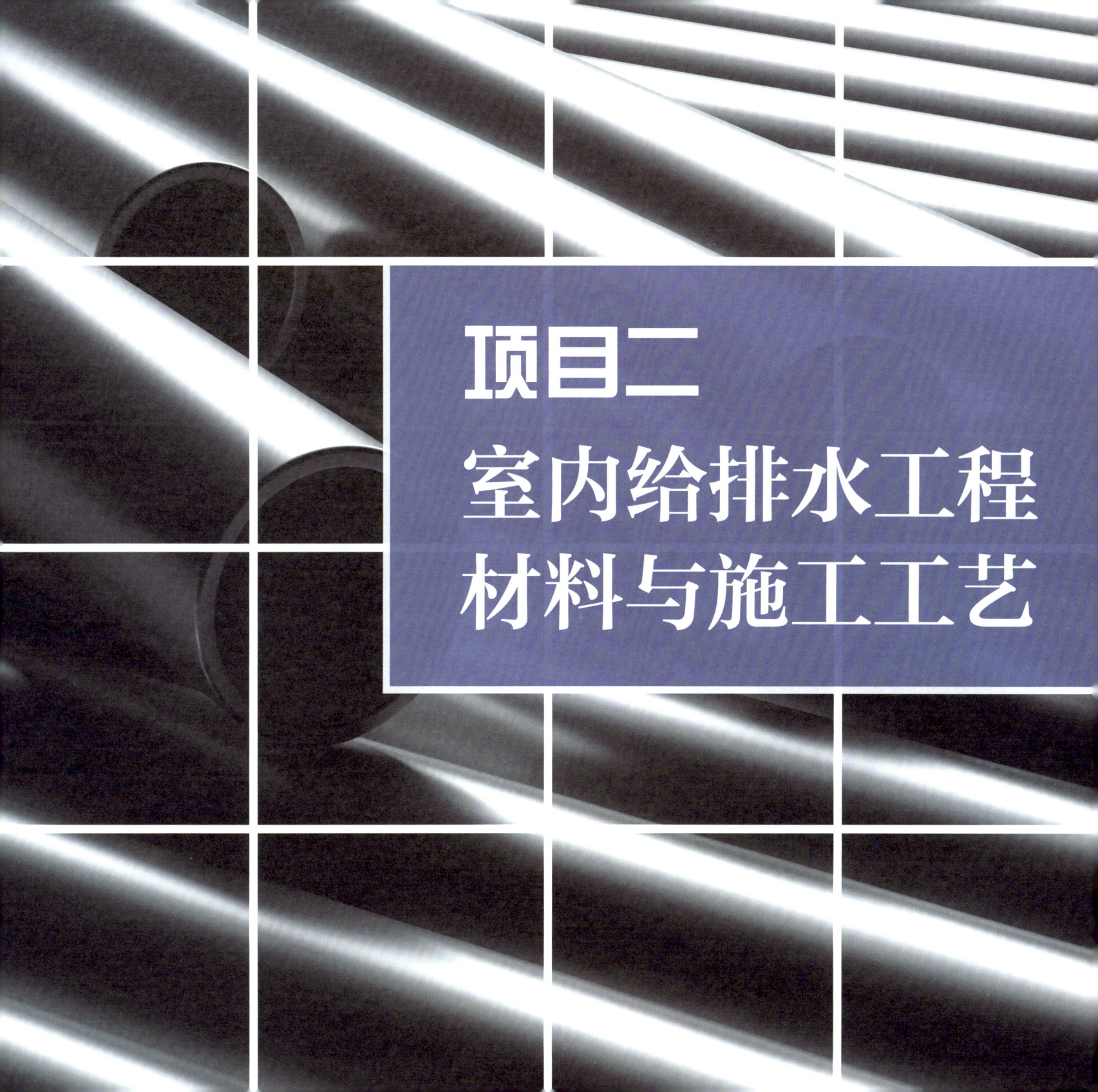

项目二
室内给排水工程材料与施工工艺

学习目标

1. 熟悉给排水系统的分类及组成、室内给排水方式及适用条件；

2. 掌握室内给排水的安装、验收及施工工艺流程；

3. 具有利用现代信息技术学习专业知识和技能、搜集专业信息、完成岗位相关工作任务的能力。

知识思维导图

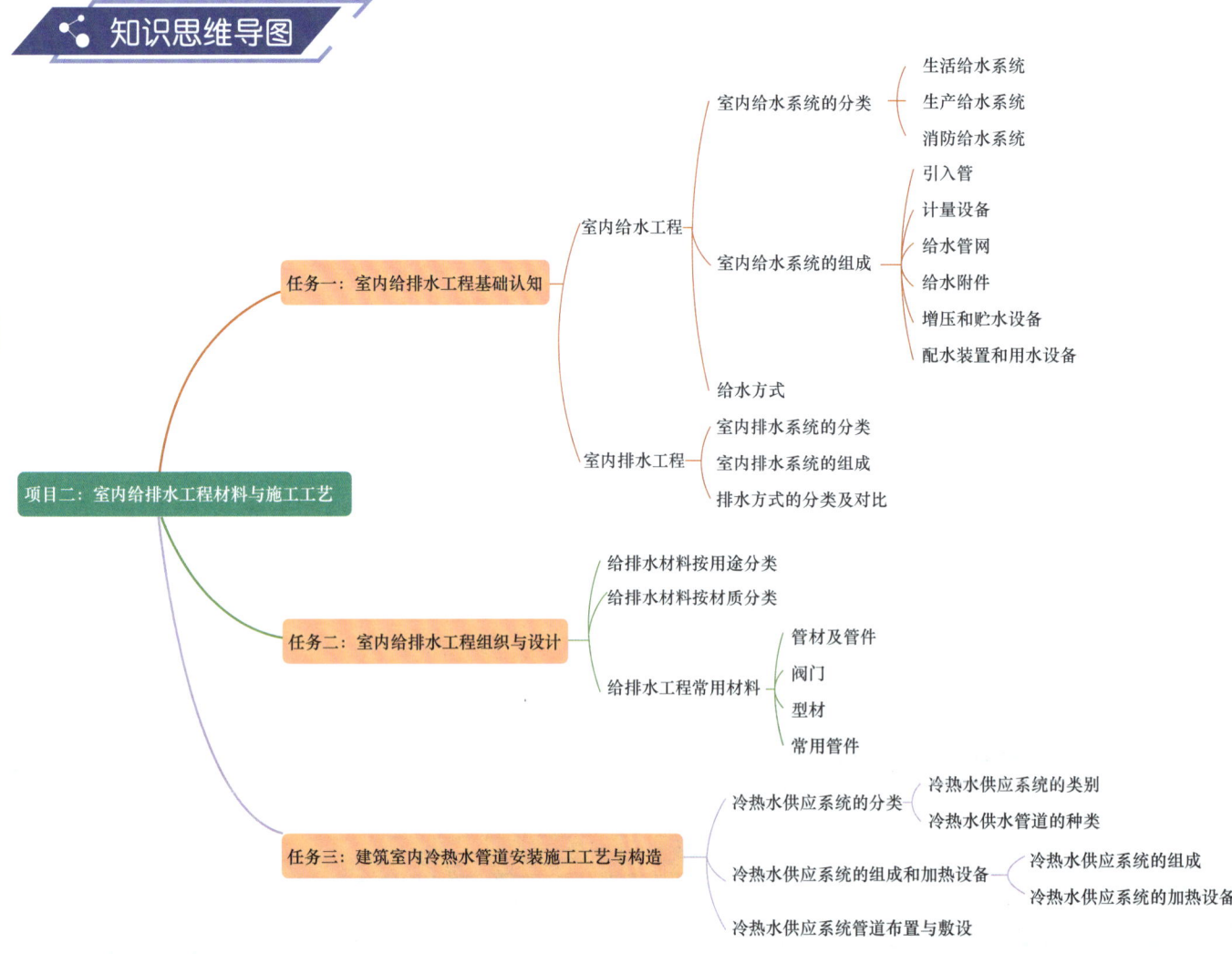

项目二：室内给排水工程材料与施工工艺

- 任务一：室内给排水工程基础认知
  - 室内给水工程
    - 室内给水系统的分类
      - 生活给水系统
      - 生产给水系统
      - 消防给水系统
    - 室内给水系统的组成
      - 引入管
      - 计量设备
      - 给水管网
      - 给水附件
      - 增压和贮水设备
      - 配水装置和用水设备
    - 给水方式
  - 室内排水工程
    - 室内排水系统的分类
    - 室内排水系统的组成
    - 排水方式的分类及对比
- 任务二：室内给排水工程组织与设计
  - 给排水材料按用途分类
  - 给排水材料按材质分类
  - 给排水工程常用材料
    - 管材及管件
    - 阀门
    - 型材
    - 常用管件
- 任务三：建筑室内冷热水管道安装施工工艺与构造
  - 冷热水供应系统的分类
    - 冷热水供应系统的类别
    - 冷热水供水管道的种类
  - 冷热水供应系统的组成和加热设备
    - 冷热水供应系统的组成
    - 冷热水供应系统的加热设备
  - 冷热水供应系统管道布置与敷设

任务一
室内给排水工程基础认知

任务描述

　　室内给排水工程的主要任务是把建筑物外给水管网内的水输送到室内的各种用水设备处，使用水的水量能够调节、储存，并使供水水质不受影响，同时能够将废水排放到相应的污水处理系统中。本次学习的任务主要是了解给排水系统的分类及组成、室内给排水方式及适用条件；掌握室内给排水的安装、验收及使用要求；能够查阅建筑给排水相关标准、规范、手册和工具图书，学以致用，加强实践。

知识链接

一、室内给水工程

1. 室内给水系统的分类

　　建筑室内给水系统按用途可分为生活、生产、消防三类。

　　（1）生活给水系统：生活给水可以满足普通建筑物内的饮用、烹调、淋浴、盥洗、洗涤用水需求，水质必须符合国家规定的饮用水标准。根据用水需求不同，生活给水系统又可分为饮用水系统和杂用水系统。

　　（2）生产给水系统：生产给水系统是为了满足生产要求设置的用水系统，它包括供给生产设备冷却用水、原料和产品洗涤用水以及各类产品制造过程中所需的生产用水。生产给水系统可以分为循环给水系统、复用水给水系统、软化水给水系统、纯水给水系统等。

　　（3）消防给水系统：消防给水系统的任务是给民用建筑、公共建筑及工业、企业建筑中的各种消防设备提供用水。一般高层住宅、大型公共建筑、车间都需要设消防给水系统。消防给水系统可分为消火栓给水系统、自动喷水灭火系统、水喷雾灭火系统等。

2. 室内给水系统的组成

　　建筑室内给水系统包括引入管、计量设备、给水管网、给水附件、增压和贮水设备、配水装置和用水设备。

　　（1）引入管：引水管也称入户管，是一个与室外供水管网连接的总进水管，如图2-1所示。

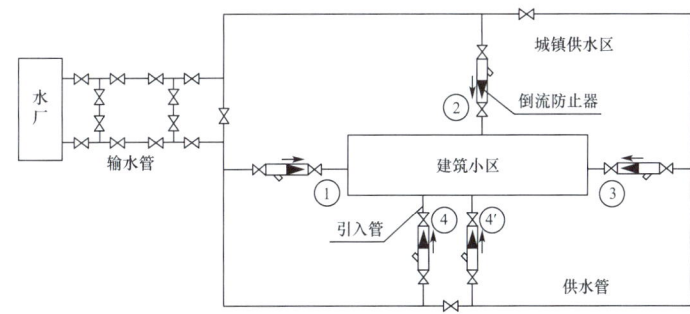

图2-1　引入管

（2）计量设备：计量设备指建筑物入口或住宅建筑单元安装的计量水表和分户水表等设备，如图2-2~图2-4所示。

图2-2 水表

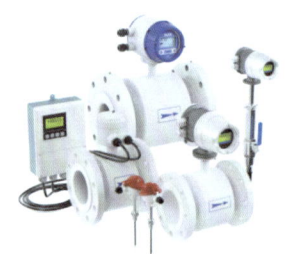

图2-3 流量计

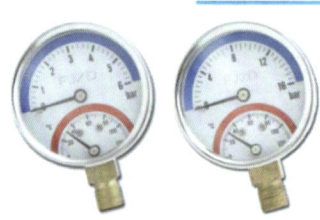

图2-4 压力计

（3）给水管网：给水管网遍布整个供水区域，依据其功能可划分为干管和分配管。给水管网的功能主要是水量输送、水量调节、水压

调节。给水管网具有一般网络系统的特点，即分散性、连接性、传输性、扩展性。

（4）给水附件：给水附件指给水管道上用以调节水量、水压、控制水流方向的各种阀门，切断后可便于管道、仪器和设备的检修。给水附件具体包括截止阀、止回网、闸阀、球阀、安全阀、浮球阀、水锤消除器、过滤器、减压孔板等，如图2-5~图2-9所示。

图2-5 液压水位控制阀

图2-6 比例减压阀

图2-7 泄压阀

洁具、龙头安装动画演示

图2-8 消声止回阀

可调节压力设计
可调节多种压力值
适用范围广泛

活塞结构设计
结构简单 耐用性强
三年保修

可加装压力表
方便查看压力大小
直观准确 人性化

进水过滤网
可过滤颗粒杂质
延长使用寿命

黄铜加厚阀体
真正加厚设计阀体

加深螺纹接口
安装简单

图2-9 可调式减压阀

（5）增压和贮水设备：当室外给水管网的水压、水量不足时，为了保证建筑物内部供水的稳定性、安全性，建筑室内应根据要求设置水泵、气压给水设备、水箱等增压和贮水设备，如图2-10~图2-12所示。

（6）配水装置和用水设备：包括各类卫生器具和用水设备的配水龙头及生产、消防等用水设备，如图 2-13 和图 2-14 所示。

图 2-10　离心清水管道泵

出水口
注水口
接线盒
进水口
风罩
放水口
铸铁泵体
加厚底座
散热片

图 2-11　气压给水设备　图 2-12　组合水箱

图 2-13　单冷旋转菜盆水龙头　图 2-14　黄铜面盆龙头

3. 给水方式

给水方式是指建筑内部给水系统的供水方案，其基本类型有直接给水方式、设水箱给水方式、设水泵和水箱给水方式、设水泵给水方式、气压给水方式、分质给水方式、分区给水方式。

（1）直接给水方式：该方式系统简单，可充分利用外网水压，缺点是一旦外网停水，室内立即断水。该给水方式适用于水量、水压在一天内均能满足用水要求的用水场所。

（2）设水箱给水方式：该方式水箱进水管和出水管共用一根立管，供水可靠，系统简单，缺点是水箱内的水用尽后，用水器具的水压会受外网压力的影响。设水箱给水方式适用于供水水压、水量周期性不足的用水场所。

（3）设水泵和水箱给水方式：该给水方式水泵能及时向水箱供水，可缩小水箱的容积且供水可靠；缺点是投资较大，且安装和维修相对复杂。设水泵和水箱给水方式适用于室外给水管网水压低于建筑室内给水管网所需水压或经常不能满足建筑内部给水管网所需水压，且室内用水不均匀的用水场所。

（4）设水泵给水方式：该方式供水可靠，无高位水箱，但耗能较大。为了充分利用室外管网压力，节省电能，当水泵与室外管网直接连接时，应设旁通管。设水泵给水方式适用于室外给水管网的水压经常不足的用水场所。

（5）气压给水方式：该方式供水可靠，无高位水箱，但水泵效率低、耗能多。气压给水方式适用于外网水压不能满足所需水压、用水不均匀且不宜设水箱的用水场所。

（6）分质给水方式：分质给水方式是根据不同用途所需的不同水质设置独立的给水系统的建筑供水方式。该方式适用于小区中水回用等。

（7）分区给水方式：分区给水方式可以充分利用外网压力，供水安全，但投资较大，维护复杂。该方式适用于供水压力只能满足建筑下层供水要求的用水场所。

二、室内排水工程

1. 室内排水系统的分类

室内排水系统的任务是接纳、汇集建筑物内各种卫生器具及用水设备排放的废（污）水以及屋面的雨、雪水并将其排入室外排水管网。人们在选择室内排水系统时，除了满足排放要求外，还应通过技术、经济比较，选择经济适用、安全合理、通畅且先进的排水系统。

（1）建筑室内排水系统按排出污水的性质可以分为生活污水排水系统、工业废水排水系统、雨水排水系统。

生活污水排水系统：生活污水排水系统用于排除人们日常生活中所产生的洗涤污水和粪便污水等。这类污水的有机物和细菌含量较高，在进行局部处理后才被允许排入城市排水管道。医院污水由于含有大量病菌，在排入城市排水管道之前，还应进行消毒处理。

工业废水排水系统：工业废水排水系统用于排除生产过程中所产生的废（污）水。因工业生产工艺种类繁多，所以产生的废（污）水的成分十分复杂。有的生产废水污染较轻，有的生产废水则污染严重，污染较轻的生产废水可直接排放或经简单处理后重复利用，污染严重的生产废水必须处理后才能排放。

雨水排水系统：雨水排水系统用于排除建筑屋面的雨水和融化的雪水。

（2）室内排水系统按排水体制可分为合流制排水系统和分流制排水系统

合流制排水系统：合流制排水系统指生活污水与生活废水、生产污水与生产废水在建筑物内合流后排至建筑物外，即上述各种污（废）水系统合二为一或合三为一的排水系统。

分流制排水系统：分流制排水系统是指将污水、废水、雨水等分别设置管道系统排至建筑物外的排水系统。

2. 室内排水系统的组成

室内排水系统的基本要求有三点：一是能迅速、通畅地将废（污）水排到室外；二是排水管道系统气压稳定，有毒有害气体不进入室内，保持室内环境卫生；三是管线布置合理，简短顺直，工程造价低。

室内排水系统主要由排水管道和卫生器具组成。

（1）管道材料：管道材料由污水的性质和成分、敷设地点和条件及对管道的特殊要求决定，主要有排水铸铁管和硬聚氯乙烯塑料管（UPVC）。

排水铸铁管：排水铸铁管目前多用于室内排水系统的排出管及室外管道，如图 2-15 和图 2-16 所示。

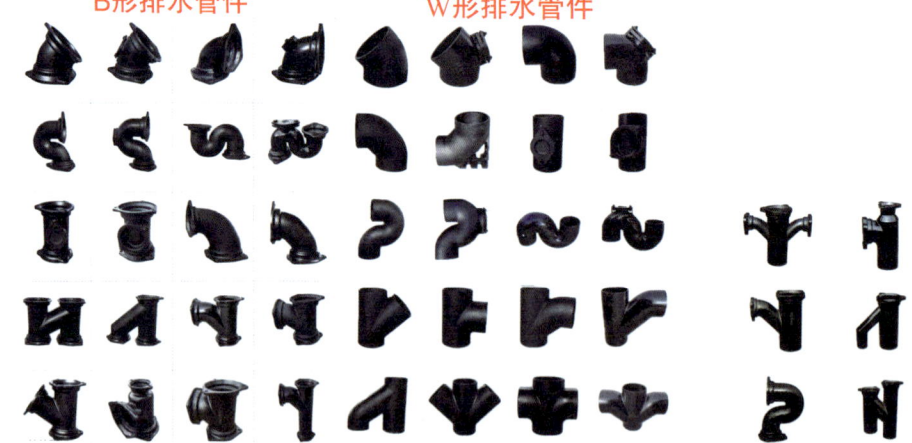

B形排水管件　　　　W形排水管件

图 2-15　普通排水铸铁管　　　　图 2-16　柔性排水铸铁管

UPVC 管：UPVC 管具有优良的化学稳定性和耐腐蚀性，其主要优点有物理性能好、质轻、管壁光滑、水头损失小、容易加工、施工方便等，缺点是质地较脆，在高温下容易老化，因此污水温度不能大于 40 ℃，如图 2-17 所示。

图 2-17　UPVC 管

（2）卫生器具：卫生器具是室内排水系统的起点，接纳各种污水后排入管网系统。

便溺用卫生器具：便溺用卫生器具包括坐便器、蹲便器、大便槽、小便槽等，如图 2-18 所示。

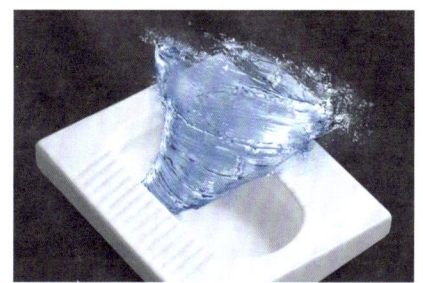
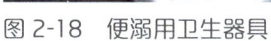

图 2-18　便溺用卫生器具

盥洗沐浴用卫生器具：盥洗沐浴用卫生器具包括洗脸盆、盥洗槽、浴盆、淋浴器等，如图 2-19 所示。

图 2-19　盥洗沐浴用卫生器具

洗涤用卫生器具：洗涤用卫生器具包括洗涤盆、污水盆等，如图 2-20 所示。

专用卫生器具：专用卫生器具包括化验盆、净身盆、饮水器等，如图 2-21 所示。

地漏：地漏主要用来排除地面积水，应设在地面最低或易于溅水的卫生器具附近，不宜设在水支管顶端，以防止卫生器具排放的固体杂物在卫生器具和地漏之间的横支管内沉淀，如图 2-22 所示。

涂膜防水施工工艺

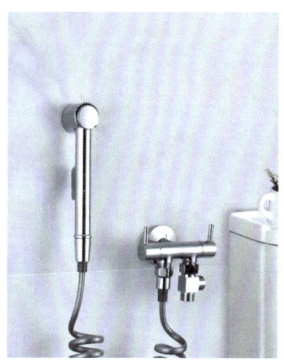

图 2-20　洗涤用卫生器具　　图 2-21　专用卫生器具　　图 2-22　地漏

3. 排水方式的分类及对比

（1）隔层排水：隔层排水是指排水支管穿过楼板，在下层住户的天花板上与立管相连的排水方式。

（2）同层排水：同层排水是指卫生器具排水管不穿楼板，排水横管在本层与排水立管连接的排水方式。

如图 2-23 所示。

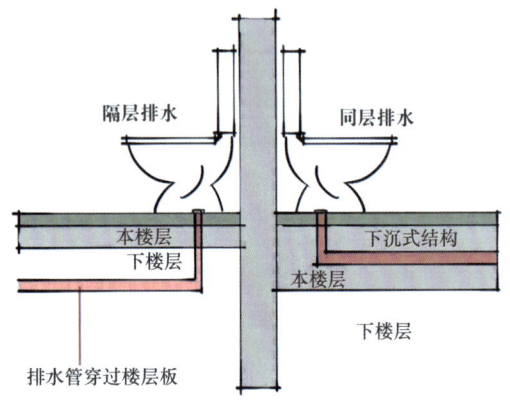

隔层排水　　**同层排水**

本楼层
下楼层

下沉式结构

本楼层

下楼层

排水管穿过楼层板

图 2-23　隔层排水和同层排水

（3）同层排水按排水横管、敷设位置和管件不同，可分为三种类型，即降板法（卫生间的结构楼板全部下沉 300 mm 作为管道敷设空间）、卫生间地面局部抬高法和不降板法。

（4）与隔层排水相比，同层排水的主要优点有管道不穿越楼板，上、下楼层之间不会因渗漏水发生纠纷，同时节省大量吊顶空间。此外，同层排水的优点还有以下三个方面：一是洁具摆放不受管道、坑距限制，管道布局灵活，便于设计且安装简单；二是卫生间地面无任何障碍，便于清扫；三是管道、水箱全部可以采用隐蔽式安装，具有出色的视觉效果。

任务实施

随着我国经济和社会的高速发展，房地产市场越来越火爆，人们对居住环境和住房质量的要求也越来越高。室内给排水工程作为建筑工程的有机组成部分，其施工质量的好坏直接影响建筑物的整体质量水平，与人们居住的舒适度和建筑物后期的物业管理也有直接关系。室内给排水工程施工过程中任何一个环节的疏忽，都可能导致渗、漏、堵等问题，给居民的生活带来不便，甚至会影响建筑物的使用寿命和居民的财产、人身安全。因而施工方在建筑施工过程中，不但要把握好建筑整体设计、施工和质量管理，还应该尽可能地考虑到室内给排水工程中可能遇到的问题，以便采取有效的预防措施，保证建筑物的整体质量和居民居住的方便舒适。

一、室内给水质量分析

1. 城市给水管道水头

我们通常将供水过程中的水压高度称为水头。城市建筑给水管道的设计人员如果没有做深入细致的调查，仅凭自己的计算和推理来设置水头大小，容易导致对资用水头估计过高，以致无法保证正常的水压线。此外，在供水过程中水流受到一定阻力会产生阻力损失，一般情况下城市供水管道末段受阻力损失的影响更大。随着城市的发展，新竣工或正在开工的建筑越来越多，设计人员如果不能正确设计给水管道资用水头，会导致很多新建筑的高层缺水，所以在设计给水管道的过程中，应充分考虑建筑最不利水压和水量的影响，设计一定的水头余量，或者增加屋顶增压泵、水箱、自动增压设备等，同时还需要到自来水公司和居民中走访调查，综合多方面因素设计合理的资用水头，保证最不利的配水点也能流出自由水头。

2. 给水管道及附件安装

给水管道安装时镀锌管用丝扣连接，丝扣接口的根部要有螺纹外露并做防腐蚀处理，不可进行焊接。给水管道的铸铁管填料凹入承插口边缘的距离应小于 2 mm，确保承插灰口密实、饱满，并应做好相应的养护工作，遇到侵蚀性地下水时还应在接口处涂抹沥青以防止腐蚀。给水塑料管安装连接过程中施工人员应检查连接件的材质是否匹配，同一材质的连接件，可以用粘结或热熔的方式连接，不同材质的连接件应用机械卡箍连接。现在使用的给水塑料管虽然耐腐性很好，但耐物理冲击性较差，建筑物的敲凿整改很容易破坏塑料管道，检修起来也很不易。给水支管采用墙、板内暗装时，所有暗装程序都应按施工图或样板间施工要求严格执行，避免因其他管道穿墙凿洞对暗装管道造成破坏。

3. 竣工验收问题

给水管道竣工验收时也可能会出现问题，例如：没有水压试验报告；水管附件或支管系统没有安装活接；给水管道没有用镀锌钢管；卫生设备安装和给水高度设置不当等。而管道施工中使用的零配件质量差，连接管道时下料不准，涂铅油麻丝马虎造成接头不严等问题，则会留下安全隐患，导致日后居民使用的不便。施工人员应该认真学习《采暖与卫生工程施工及验收规范》，严格按照操作规程执行。水表安装时一定要装活接，消火栓设备应安装旁通管以绕开水表。竣工时的水压试验压力应保持在工作压力的 1.5 倍，并保证水压降至工作压力后不漏。

二、室内排水质量分析

1. 地漏的设置

建筑施工中经常出现地漏设置位置不当、带存水弯等问题。为排除临时雨水有的居民会在阳台上设地漏并安装存水弯，将雨水接至室外落水管。有的建筑物地漏本身自带 5～10 mm 的存水弯，在可以排除清洁废水且无嗅气源连接的情况下，不需要另外分装存水弯。但在排出粪便、混合排污或有臭气源连接时，则要安装存水弯并保证 0.1 m 深的水封高度，以防止臭气逸出和下水道微生物、虫类等爬出。建筑底层的地漏如果设置在排水横管的中段或末段，容易导致地漏冒水淹没地面。如果受水器充水时水位急剧升高，增加了排放压力，也容易导致地漏冒水，特别是建筑底层的厨房和厕所。所以地漏应设置在排水横管的首段，并保证地漏入口低于地坪。超过六层的住宅，室内排水设计中应该将底层的排水系统分别穿过外墙，排到室外的检查井中，以防止地漏冒水和排放不畅。

2. 排水管道安装

排水管道的接口结构和所用的填料应符合标准。排水管道管径小于或等于 0.6 m 时抹带部分的管口浆皮应该刷去，管径大于 0.6 m 时抹带部分的管口应进行凿毛。UPVC 排水管的管材管件和胶粘剂，应该来自同一生产厂家以保证配套性。室内排水管道可以利用水压差来排水、排污，一般不会导致管道堵塞、沉积。设计排水管道要控制好坡度，严格按设计要求与规范进行安装，不得出现倒坡和高低起伏等现象。排水管道穿越楼板时，一定要用与楼板相同的混凝土分层分次浇捣严实，做完防水层后不得开凿、打洞、埋设管道。UPVC 管材外壁比较光滑，铸铁排水管因热胀冷缩，在穿越楼板时会出现温度裂隙，安装过程中均应注意处理好洞口，防止造成渗漏。

3. 卫生器具安装

卫生洁具安装时应该采用膨胀螺栓固定，并加上软垫。用于固定的木螺丝应凹进墙面 1 cm，并对预理的木砖进行防腐处理，同时按照设计要求安装坐标和标高。卫生间的地漏进行埋设处理时，应考虑地面的坡度和面层厚度，防止因地面流水倒坡影响地面、墙面的防水性能。安装在隔墙上的卫生洁具，应有夹锚固定装置进行固定，注意锚固点不能外露，以免影响使用安全和美观。

室内给排水工程是一个建筑工程的重要组成部分，其质量的好坏，直接影响建筑物的质量和居民的日常生活。建筑施工时应选择有良好资质的承建单位，建筑工作者在给排水施工过程中应严把质量关，注意防范施工过程中可能出现的各种质量问题。施工方应加大对施工的监管力度，竣工时要严格检查验收，保证室内给排水工程的施工质量，为居民日常生活的舒适与便利提供保障。

任务评价

评价内容	评价标准	权重 %	得分
基础知识	室内给水工程基础知识	20	
	室内排水系统基础知识	30	
应用能力	查阅建筑给排水相关标准、规范、手册和工具图书，学以致用，培养实践能力。	50	

任务小结

通过本次任务的学习，同学们已经初步掌握了建筑室内给排水工程的目的、施工内容和基础知识，对建筑室内给排水工程有了全面的认识。随着人们物质生活水平的提高，能源消耗越来越大，因而我国对建筑物节能也越来越重视，掌握室内给排水知识有利于节约水资源，不断提高用水质量，更好地进行节能减排。希望同学们课后通过学习与社会实践，掌握更多建筑室内给排水工程的知识。

能力测试

一、选择题

1. 度锌钢管应采用（　　）连接方法。

  A. 焊接　　　B. 承插　　　C. 螺纹　　　D. 法兰

2. 进户管与出户管应保证（　　）距离。

  A. 1 m　　　B. 1.5 m　　　C. 2 m　　　D. 2.5 m

3. 上行下给式管网水平干管应有大于（　　）的坡度。

  A. 0.003　　　B. 0.001　　　C. 0.5　　　D. 0.005

4. 排水立管最小管径可采用（　　）。

  A. DN50　　　B. DN100　　　C. DN150　　　D. DN200

5. 排出管距室外第一个检查井的距离不要小于（　　）。

  A. 1 m　　　B. 2 m　　　C. 3 m　　　D. 4 m

二、填空题

1. 给水系统按用途可分为 _____、_____、_____。

2. 室外消防系统是由 _____、_____、_____ 组成。

3. 热水供应系统的组成包括 _____、_____、_____。

4. 水泵结合器的作用是 _____。

拓展训练

学生在教师的带领下到室内装饰工程施工现场去学习室内给排水工程施工流程和工艺，并撰写800字的体验报告。

任务二
室内给排水工程组织与设计

任务描述

　　室内装饰工程首先要进行的是基础工程，它的施工质量决定居民以后的生活便捷程度。设计人员应以整体设计观念综合考虑室内给排水设计，运用最佳的设计理念，使室内给排水设计达到科学、经济、美观的效果，满足人民群众日益增长的物质文化需求。本次学习任务主要是了解建筑室内给排水工程的施工材料与工具，掌握各种室内给排水工程施工工具的操作方法，以及建筑室内给排水工程前期的组织与设计。学生能够独立查阅建筑给排水相关标准、规范、手册和工具图书，学以致用，同时还要加强实践，做到理论与实践相结合。

知识链接

一、给排水材料按用途分类

　　建筑室内给排水材料按用途可分为管件类（含管件等）、阀类、各种型材类、防腐保温材料类等，其中各种型材类又可分为金属型材和塑制型材。

二、给排水材料按材质分类

　　建筑室内给排水材料按材质可分为金属类、塑料制品类和非金属类。金属类材料包括金属管材、金属阀门、金属型材、金属五金材料等；塑料制品类材料包括塑料制管材、塑料阀门、塑料制型材等；非金属类材料包括油漆、保温材料、橡胶板、石棉板、复合材料、陶瓷、陶土、水泥等。

三、给排水工程常用材料

1. 管材及管件

关于建筑室内给排水工程目前最大的热点是新型管材的广泛应用。传统的镀锌钢管和普通排水铸铁管由于易锈蚀、自重大、运输施工不便等原因被逐渐取而代之。

室内给排水常用管材主要有塑料管、金属管和复合管三种。

（1）塑料管

塑料管是合成树脂加添加剂经熔融成型加工而成的制品，添加剂有增塑剂、填充剂等具有耐腐蚀功能的溶剂。塑料管的优点是外形光滑，无不良气味，加工便捷，化学稳定性好，不受环境因素和管道内介质成分的影响，密度小，材质轻，运输和安装方便。其缺点是刚性差，平直性差，阻燃性也差（大多数塑料制品可燃）。塑料管如图 2-24 所示。

（2）金属管

金属管包括钢管、铸铁管、铜管和不锈钢管。钢管又可分为焊接钢管和无缝钢管，如图 2-25 和图 2-26 所示。焊接钢管和无缝钢管均有镀锌的管材，而镀锌工艺则有冷镀和热镀两种。其共同的优点是强度高，能承受的压力大，抗震性能好；缺点是耐腐蚀性能差。消防给水系统常采用外壁热镀锌钢管。

从耐腐蚀的角度看，热镀锌钢管比冷镀锌钢管和不镀锌钢管更耐腐蚀，如图 2-27 所示。

图 2-24 塑料管

图 2-25 焊接钢管

图 2-26 无缝钢管

图 2-27 热镀锌钢管

铸铁管按材质可分为灰铁管和球铁管,按工艺则可分为连续铸造铸铁管和离心铸造铸铁管。给水铸铁管与钢管相比,优点是不易腐蚀,造价低,耐久性好;缺点是较脆,重量大,在管径大于 75 mm 的给水埋地管中应用广泛,如图 2-28 和图 2-29 所示。

图 2-28　离心浇铸管

图 2-29　离心球墨铸铁管

铜管分裸铜管和塑覆铜管,其优点是经久耐用,机械性能好,为可持续发展绿色建材;缺点是造价较高,保温性差,如图 2-30 所示。不锈钢管的优点是耐腐蚀,耐高温,耐酸性强,耐热性能高,抗高温氧化;缺点是成本较高,不耐碱,如图 2-31 所示。

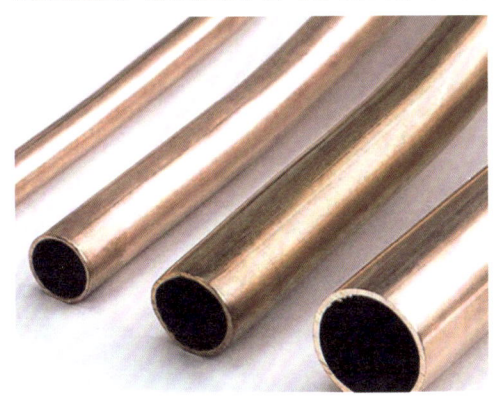

图 2-30　焊接紫铜管

图 2-31　不锈钢管

（3）复合管

复合管的优点是耐腐蚀,防锈,热传导率低,保温节能,安装方便;缺点是综合机械性能低,刚性低,小管径及热水管平直性差,不能长期暴晒,易老化,如图 2-32~图 2-36 所示。

图 2-32　PVC-U 排水管

图 2-33　PVC-U 给水管

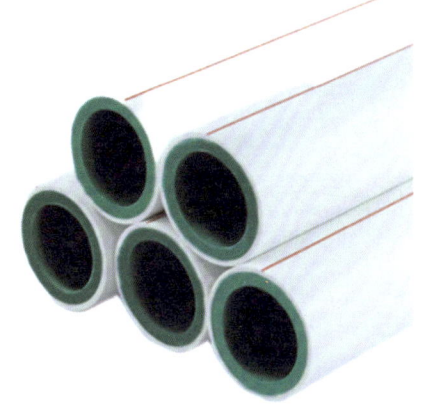

图 2-34　PPR 冷热水管

图 2-35　PE 环保给水管

图 2-36　PEX 管

2. 阀门

阀门是用来控制液体或气体流量、降低压力或改变流动方向的装置，按作用分类如下：

（1）截断类：截断类阀门有截止阀、旋塞阀、球阀、蝶阀、针形阀等，该类阀门又被称为闭路阀，其作用是接通或截断管路中的介质，如图 2-37 和图 2-38 所示。

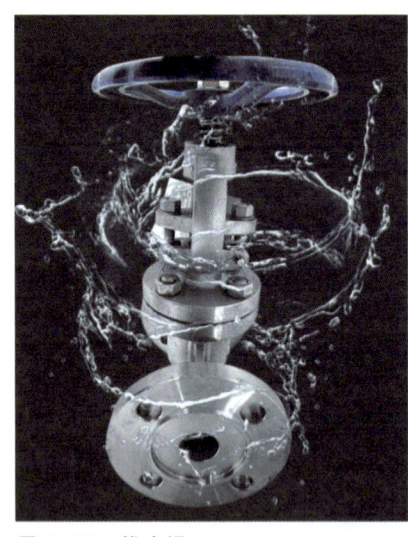

图 2-37　截止阀

图 2-38　球阀

（2）止回阀：止回阀又称单向阀或逆止阀，属于自动阀门，其作用是防止管路中的介质倒流，防止泵及驱动电机反转以及容器介质泄漏，如图 2-39 所示。

（3）安全类阀门：安全类阀门（安全阀、防爆阀、事故阀等）的作用是防止管路或装置中的介质压力超过规定数值，从而达到安全保护的目的，如图 2-40 所示。

图 2-39　止回阀　　　　　图 2-40　安全阀

（4）调节类阀门：调节类阀门（调节阀、节流阀和减压阀等）的作用是调节介质的压力、流量等参数，如图 2-41 所示。

图 2-41　调节阀

（5）分流类阀门：分流类阀门（分配阀、三通阀、疏水阀等）的作用是分配、分离或混合管路中的介质，如图2-42和图2-43所示。

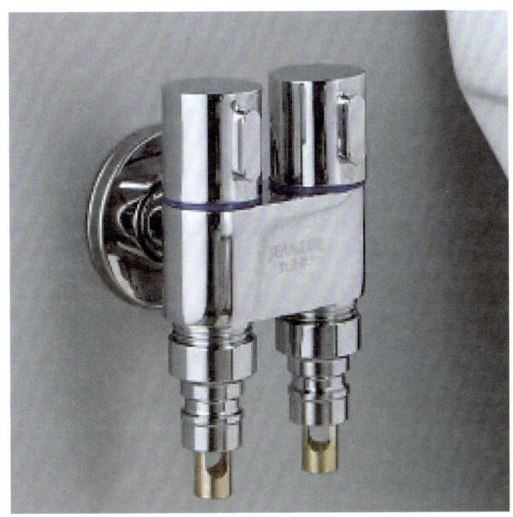

图2-42　三通阀

图2-43　疏水阀

（6）特殊用途类阀门：特殊用途类阀门有清管阀、放空阀、排污阀、排气阀、过滤器等，如图2-44和图2-45所示。排气阀是管道系统中必不可少的辅助元件，广泛应

用于锅炉、空调、石油天然气管道和给排水管道中，安装在制高点或弯头等处，排除管道中的多余气体，以提高管道道路使用效率并降低能耗。

图2-44　清管阀

图2-45　排气阀

（7）公称压力类阀门：公称压力类阀门有真空阀、低压阀、中压阀、高压阀、过滤器等。

（8）温度类阀门：温度类阀门有低温阀、常温阀、中温阀、高温阀等。

（9）驱动类阀门：驱动类阀门分为自动阀、动力驱动阀和手动阀三种。自动阀不需要外力驱动，而是依靠介质自身的能量来驱使阀门动作。动力驱动阀则是利用各种动力源进行驱动的阀门。

3. 型材

型材主要分为金属型材和塑制型材，金属型材包括普通钢板、不锈钢板、铜板等，塑制型材则包括塑料板、塑料圆条、塑料扁条等。

4. 常用管件

室内给排水工程在施工过程中，除了敷设给排水立管外，各层还需设好排水支管，而这些支管在连接用水设备时需要分支、转弯和变径，因此就需要各种不同形式的管件配件与管道配合使用。给排水工程常用的管件如下：

（1）管路延长连接用配件：管箍、内接头，如图2-46所示。

（2）管路分支连接用配件：三通、四通，如图2-47和图2-48所示。

图 2-46　管箍

图 2-47　三通

图 2-48　四通

（3）管路转弯用配件：45°弯头、90°弯头，如图 2-49 和图 2-50 所示。

图 2-49　45°弯头

图 2-50　90°弯头

（4）管路变径用配件：异径三通、补心，如图 2-51 和图 2-52 所示。

图 2-51　异径三通

图 2-52　补心

（5）管路堵口用配件：丝堵、管堵，如图 2-53 和图 2-54 所示。

图 2-53　丝堵

图 2-54　管堵

除此之外，排水管道上常用的管件还包括检查口、套筒、通气帽等，如图 2-55~图 2-57 所示。

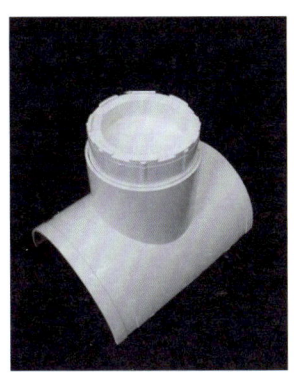

图2-55 检查口

图2-56 套筒

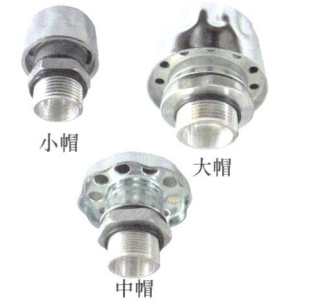

小帽

大帽

中帽

图2-57 通气帽

5. 常用工具及设备

建筑室内给排水工程施工中常用的工具分手动工具和电动工具两种。手动工具包括尺、剪刀、扳手、管钳、绳手动绞车等；电动工具包括电动套丝机、电动砂轮切割机、电动钻孔机等。

任务实施

在建筑工程各部分工程中，给排水工程所占的投资份额虽然不大，但是用户投诉却不少，特别是厨房和卫间的渗漏水问题占了投诉的很大部分，而这种渗漏隐患具有隐蔽性和长期性。住宅楼装修后的渗漏维修相当困难，不但影响楼下住户的身心健康，还易造成邻里不和。学生公寓卫生间因长期淋浴大大增加了其渗漏的可能性。为了防患于未然，尽量避免使用过程中渗漏现象的发生，也为了满足业主及用户对给排水设施质量的要求，给排水监理人员应做好如下工作：

室内给排水
施工流程

一、施工前的准备

1. 组织施工单位参加图纸会审

施工前监理要全面细致地熟悉和审查施工图纸，组织施工单位参加图纸会审，要熟悉给排水系统图、平面图、大样图等，看看是否存在问题或者不协调的地方，比如是否存在卫生间内排水主立管阻碍窗户的现象，顶层会不会因户型与标准层存在差异而导致立管或透气管处在四不靠的位置等。另外要将给排水施工图与其他专业施工图如电气图、结构图、建筑图结合起来研究，看看是否存在相互矛盾或有冲突的地方。

在施工中可能遇到的问题有：

（1）马桶立管旁板下有梁，梁下安置横支管时位置过低，影响吊顶高度和窗户采光。

（2）水施图与建筑图中的房间开门位置不一致，水施图中的消防箱和消防立管在建筑图中可能处在门中。

（3）水施图及电气图相差楼层。

凡此种种，在此就不一一列举了。通过图纸会审，参建各方能够了解工程特点和设计意图，找出并解决图纸中存在的问题，提前消灭图纸中的质量隐患。如果施工过程中才发现上述问题，势必会造成返工，甚至导致质量隐患。

2. 做好施工组织设计及专项施工方案的审核

施工监理应严格审核施工组织设计、专项施工方案和质量通病防治措施方案，检查其是否满足施工要求，是否包括所有施工细节，是否有技术负责人签字审批，一旦批准后督促施工单位严格依其执行。

二、施工过程中的质量控制

1. 基础及主体结构施工时预留预埋阶段的质量控制

这一阶段的质量控制重点是监督好施工单位管道洞口预留和套管的预理工作，如果洞口和套管预留位置不准确或者有遗漏，一旦没有及时发现，后期就避免不了在楼面、砖墙甚至剪力墙上开孔，这会引起楼面、墙体强度降低，留下渗水隐患及安全隐患。某大楼曾出现底层架空层楼面在支模板阶段板下预留的墙套管标高比板下梁底还高的情况，如果当时没有及时发现并整改到位，那么后期安装阶段横支管根本没办法安装，势必返工。

引起预理不到位的原因有：

（1）施工人员专业技能不足。

（2）施工人员专业技能良好，但施工过程中人员经常流动，不同楼面相对应的位置不是由同一人员预埋施工，由于个体的认知差异导致上下楼层管洞预理位置不统一，出现系统误差，严重时偏差甚至达到 10 cm 以上。因此，施工监理人员不仅要加强对施工人员的资格检查，检查其是否有上岗证，人证是否相符，还要督促施工单位尽量保持人员固定，减少因个体差异引起的施工误差，为后续工作避免返工、顺利进行下去创造条件。

2. 严把材料质量关

（1）首先检查质保资料是否齐全，资料与实物是否匹配，给水排水管道的管材、管件质保书上的品牌、型号规格等内容要与进场实物上的标注一一对应。其次给水系统的管材、

管件、接口填充材料及胶粘剂，必须符合国家规定的饮用水卫生标准要求。第三，管材与配件必须出自同一厂家，否则视为违规操作。实际施工中曾经发现管材是品牌产品，而三通、弯头、接头等配件是其他较次产品的现象。因此，对材料的检查验收，不仅要重视进场检查，而且要贯穿于整个施工过程。

（2）进行实物检查时，检查人员要对其外观、管径、壁厚等按照产品标准要求进行检查，而对排水管道则需要按照同品牌、同批次不少于两个规格的要求进行见证取样，经检测中心复试合格后方可使用。

（3）雨水管道因安装在室外，脚手架拆除后不容易被检查出问题。施工单位因此往往将重型管与中型管混杂，检查人员如发现以上情况，必须坚决要求返工。

3. 管道安装阶段的质量控制

（1）重视卫生间主立管套管设置

楼面浇筑前施工人员通常会在主立管过楼面处先预留洞口，立管安装前再放置套管，这对随后安装的立管的垂直度、套管与立管间的均匀嵌填等都是有好处的。但施工中也存在两个常见问题：①套管长度不够，或者套管长度计算准确但因土建单位对卫生间地坪装饰找坡浇厚导致实际操作中套管露出地坪达不到 5 cm 的规范要求。②安装套管时施工单位为节省钢管材料，套管底未与楼板齐平，吊在上面相当于没有套管。以上两种情况都容易引起渗漏，监理要给予足够重视，加强卫生间主立管套管设置过程中的巡回检查。

（2）重视卫生间立管洞口修补

孔洞封堵采用细石混凝土分两次进行，施工人员先将孔洞清洗干净，毛化处理，涂刷加胶水水泥浆作粘接层，第一次用加水不漏的细石混凝土浇筑 2 / 3 板厚，养护 4 小时以上；第二次浇筑 1 / 3 板厚，当管道为塑料管时，与细石混凝土接触的管外壁应先刷胶黏剂再涂抹细砂，以此来提高防渗效果。穿

包立管施工工艺

墙套管与管道之间的缝隙宜用阻燃材料填实，材质要紧密且端面要光滑。除此之外，施工人员还要注意检查套管内是否设有管道的接口装置。管道安装完成后，施工方应及时要求给排水施工单位与土建单位配合做 24 h 盛水试验，不渗不漏后再做找坡层及防水层，不能等防水层做好后再做盛水试验来代替结构防水。

（3）施工监理应要求施工单位做好成品保护并协调好各施工单位的配合。卫生间管道安装完成后，土建施工单位进场做地坪找坡前一般会用凿子或振动机清理地坪，如果凿子或振动机震松各类功能立管，管道周围就容易渗水。此外，清理出的混凝土块等垃圾可能会堵塞管道，因为现在按要求板下横支管上各种存水弯不允许带检修门盖，所以垃圾一旦进入存水弯再想将其清理干净是很麻烦的，一旦处理不好很容易引起排水不畅通、倒泛水等现象，施工单位还可能因此相互推诿，甚至彼此闹出矛盾。因此，在施工过程中监理人员要协调好各施工单位的相互配合，共同做好成品保护，以有效减少堵塞、渗漏现象的发生。

4.重视伸缩节的设置

安装排水立管时，施工人员应按规定要求设置伸缩节，间距不大于 4 m。值得注意的是伸缩节要控制插入深度，才能起到伸缩作用。但是少量施工人员贪图省力，为了定尺方便，经常一插到底，使伸缩节成了聋子的耳朵，根本起不到伸缩作用，房子一旦沉降，伸缩节就会受力变形，排水时伸缩节处很可能发生渗漏。因此施工单位安装伸缩节时监理人员要加强巡查，防止此类现象的发生。

三、给排水工程验收阶段的监理工作

验收阶段，监理人员首先要对工程外观质量进行检查，检查的主要内容包括：管道的管材、管径、平面位置、标高、坡向是否符合设计要求；管道、卫生器具位置、伸缩节的设置、

支架间距是否正确，安装是否牢固。其次监理人员要加强各种安全、功能试验，要对排水主立管及水平干管做好通球试验，若不做通球试验，即使排水管道内有杂物堵塞也很难被发现。通球方法是将直径不小于被试验管径 2 / 3 的塑料小球从放球口放入，在出球口接出，如果球体顺利排出，即为合格，否则为不合格，若不合格则应检查管内是否有杂物，清通后再次进行通球直至合格。另外还要做好通水试验，以便检查卫生器具排水是否通畅，各个存水弯与管道接口处是否有渗漏等现象。 施工监理对建筑给排水系统除依据外观检查、通球试验、水压试验、盛水试验、通水试验和灌水试验的结果进行验收外，还应按检验批、分项工程、分部工程、单位工程的顺序来验收。

给排水工程是房屋建筑的重要配套工程，其施工质量的优劣很大程度上会影响工程使用功能的发挥及用户的最终满意度。因此，从施工前的准备阶段到管道安装阶段再到最后验收试验阶段的各个重要环节，监理人员都要加强巡查、控制得力，以便使室内给排水工程的施工有序顺利地完成并通过验收，满足业主及用户的质量需求。

任务评价

评价内容		评价标准	权重 %	得分
基础知识		掌握建筑室内给排水材料按用途分类	20	
		掌握建筑室内给排水材料按材质分类	20	
		掌握建筑室内给排水工程常用材料	20	
应用能力		在实际项目中灵活运用建筑室内给排水相关知识	40	

任务小结

通过本次任务的学习，同学们已经初步认识了建筑室内给排水工程施工工具的基本知识，对各种室内给排水工具有了一定的了解。根据《建筑给水排水设计规范》（GB 50015—2019）4.2.6 条"构造内无存水弯的卫生器具与生活污水管道或其他可能产生有害气体的排水管道连接时，必须在排水口下设存水弯。存水弯的水封深度不得小于 50 mm"和 4.5.9 条"带水封的地漏水封深度不得小于 50 mm"的规定，建筑室内卫生器具及地漏必须配置水封高度不小 50 mm 的存水弯。

能力测试

一、选择题

1. 在计算我国室内集体宿舍生活给水管网设计水流量时，当计算出的流量小于该管段的最大卫生器具的给水额定流量时，应以该管段上（　　）作为设计秒流量。

    A. 给水定额的叠加值   B. 计算值   C. 最大卫生器具额定额量   D. 平均值

2. 室内给水管网水力计算中，首先要做的是（　　）。

    A. 选择最不利点   B. 布置给水管道   C. 绘制平面图、系统图   D. 初定给水方式

3. 并联消防分区消防系统中，水泵接合器可（　　）。

    A. 分区设置   B. 独立设置一个   C. 环状设置   D. 根据具体情况设置

4. 室内排水管道的附件主要指（　　）。

    A. 管径   B. 坡度   C. 流速   D. 存水弯

二、填空题

1. 建筑给水系统的组成包括_____等。

2. 塑料管的连接方式有_____等。

3. 建筑内排水系统按排出的污、废水种类不同，可分为以下三类，即_____。

三、简答题

室内管道常用的支吊架有哪几种？如何使用？

拓展训练

1. 每名同学制作 10 页博物馆建筑给排水材料使用情况分析 PPT。

2. 每名同学参观室内给排水安装工程施工现场 1 次，撰写学习心得体会 1 篇，不少于 800 字。

任务三

建筑室内冷热水管道安装施工工艺与构造

任务描述

在室内装饰工程中，管道的铺设施工是让人很恼火的一个部分，某些业主喜欢全盘托付给施工队，某些业主则喜欢自己动手。不管是哪种方式，都离不开各种水管，如果冷热水管安装不合理，会给后续生活造成很多麻烦和不便，所以，在装饰工程进行时就需要格外注意，全盘考虑才能避免后期返工。为保证工程质量，施工人员必须清楚明白冷热水管规范安装的具体步骤和需要注意的细节事项。本次学习的主要任务是掌握室内冷热水管道安装施工工艺的基本知识，熟知室内冷热水管道安装施工工艺的施工准备，冷热水供应系统的组成和方式，施工质量、成品保护及质量验收标准。

知识链接

一、建筑室内冷热水供应系统的分类

1.冷热水供应系统的类别

冷热水供应系统按照范围大小可分为集中冷热水供应系统和局部冷热水供应系统两类。集中冷热水供应系统供水范围大，冷热水集中制备，用管道输送到各配水点，一般适用于使用要求高、耗热量大、用水点分布密集、用水的延续性好、条件充分的场所，如为建筑物供应冷热水。局部冷热水供应系统只有一个或几个用水点，冷热水分散制备，一般在靠近用水点设置小型加热设备，热源可以是太阳能热水器、电加热器、煤气加热器或炉灶等。

2.冷热水供水管道的种类

（1）镀锌管：镀锌管常用于煤气管道或暖气管道，如若作为水管使用，几年后管内会产生大量锈垢且容易滋生细菌，锈蚀可造成水中重金属含量过高，危害人体健康，如图2-58所示。

图 2-58 镀锌管

（2）UPVC管：UPVC管是一种塑料管，接口处一般用胶黏接，抗冻和耐热能力差，所以不能用作热水管，此外由于其强度不能满足水管的承压要求，所以冷水管也很少使用。大部分情况下，UPVC管适用于电线管道和排污管道，如图2-59所示。

图 2-59 UPVC管

（3）PPR管：PPR管是以聚丙烯为基料，经改性处理后制成，具有更好的机械性能和更高的拉伸屈服强度及抗冲性能，是热水输送管的极佳选择。PPR管无毒、卫生、安装方便、耐化学品性能佳，具有良好的热熔连接性能，解决了长期困扰给水行业的管道连接处漏水问题，因此应用广泛，如图2-60所示。

（4）铝塑管：铝塑管是市面上较为流行的一种管材，价格适中、质轻，且施工方便、可弯曲。铝塑管目前在室内燃气管道中

的应用量逐年增加，是一种新型化学管材，其缺点是易老化，且因其是卡套式连接，作为热水管道，经过热胀冷缩，接口处容易出现渗漏，如图2-61所示。

⑤铜管：随着镀锌管在饮水管道中被禁止使用，铜管、PVR管、覆铝塑管等一批新型管材开始广泛应用。铜水管作为世界上最古老的供水管材，因其经久耐用、卫生安全而成为家庭供水、供暖的常用材料，如图2-62所示。

图 2-60 PPR管　　　　图 2-61 铝塑管　　　图 2-62 铜管

根据经验，如果冷热水的耗量小于70 000 kcal/h（千卡／时），那么适合采用局部供热系统，供给单个厨房、浴室或单元式住宅等使用。室内住宅常用热水器的安装节点详图，如图2-63示。

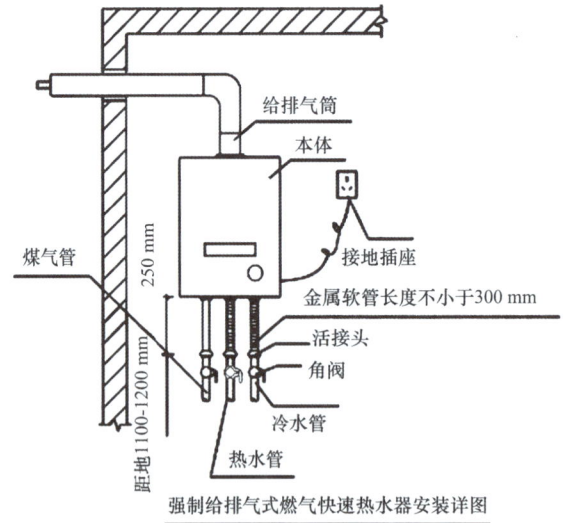

强制给排气式燃气快速热水器安装详图

图 2-63 热水器安装节点详图

排烟孔开孔直径需预留80 mm，且开孔应内高外低，热水器正上方和排气管通过的地方不要有其他杂物，尤其是电线明管、燃气管道和冷热水管。

热水器背面不能有水管或电源线通过，若实在无法避免，则必须保证距热水器中心轴左右各70 mm以上，以避免固定热水器时打破管线。此外，应严格禁止燃气管道从热水器背面通过。

热水器的烟道要有一定的角度，且必须是机器处高，洞口低，倾斜度一般在5°左右。热水器应尽可能与燃气灶、煤气表安装在不同的墙体之上。

电源插座的位置可根据燃气管道走向确定，但必须保证与燃气管道和热水器的水平及垂直安全距离不小于150 mm，本机电源线配置长度为1.2 m。

热水器进出水口的预留位置需与墙面相平。热水器主机周围需预留不小于50 mm的间距，以保证氧气的供应，正前方需预留不少于600 mm的距离，以便于检修。

安装热水器时应保证其排气不会受到换气扇或炉灶通风罩等排出的气流影响，否则可能会导致不完全燃烧。

二、冷热水供应系统的组成和加热设备

1. 冷热水供应系统的组成

（1）冷热水供应系统主要由热源、水加热器、热媒管网三部分组成。由锅炉生产的蒸汽（或高温热水）通过热媒管网送到水加热器加热冷水，经过热交换蒸汽变成冷凝水，靠余压经疏水器流到冷凝水池，冷凝水和新补充的软化水经冷凝循环泵再送回锅炉加热为蒸汽，如此循环完成热的传递过程。对于区域性热水系统不需要设置锅炉，水加热器的热媒管道和冷凝水管道直接与热力网连接。

（2）热水管网由热水配水管网和热水回水管网组成，冷热水供应系统附件包括蒸汽和热水的控制件、管道的连接附件、温度自动调节器、减压阀、安全阀、膨胀罐、疏水器、管道补偿器等，如图2-64所示。

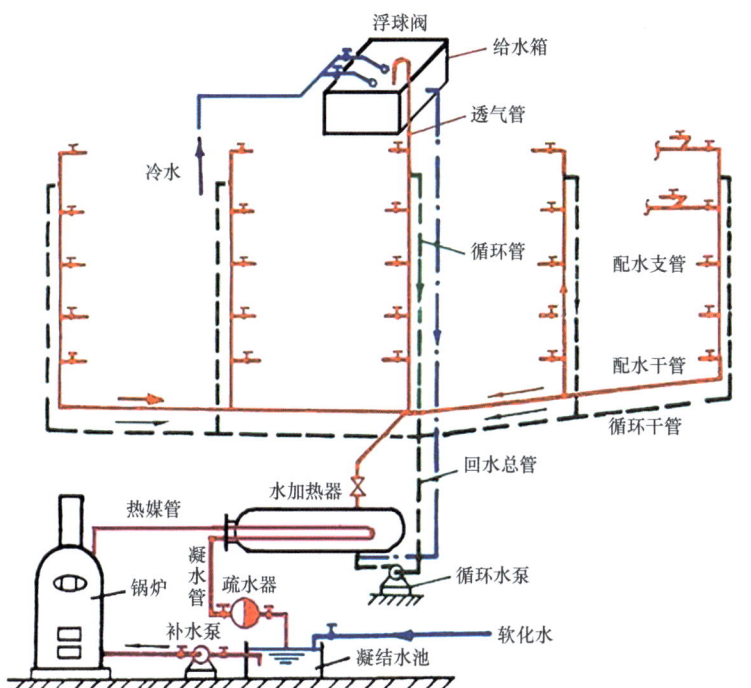

图2-64 集中热水供应系统

2. 冷热水供应系统的加热设备

（1）在冷热水供应系统中起加热和储存作用的设备有容积式水加热器和加热水箱两种。仅起加热作用的设备为快速式水加热器，仅起储存热水作用的设备是储水器。

（2）水的加热设备是指将冷水制备成热水的装置，主要有热水锅炉、直接加热水箱、水加热器等，如图2-65所示。

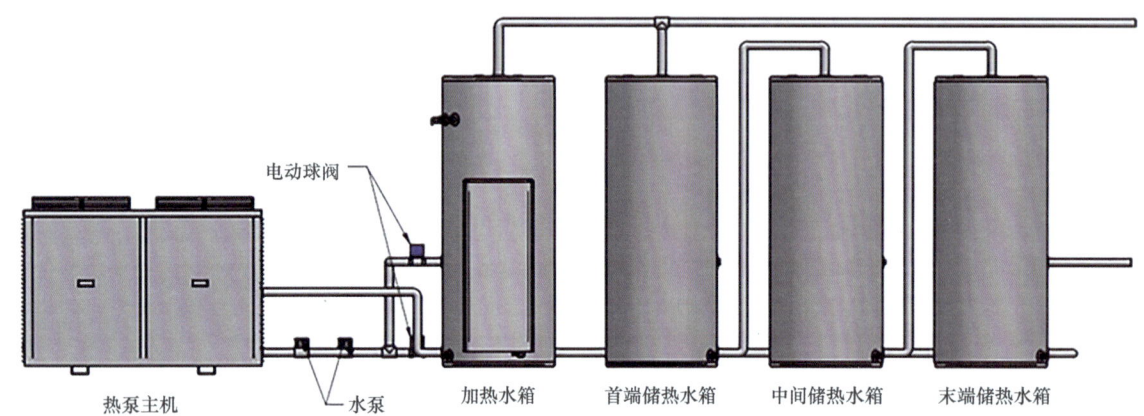

电动球阀

热泵主机　　　水泵　　　加热水箱　首端储热水箱　中间储热水箱　末端储热水箱

图 2-65　热水供应系统的加热设备

任务实施

冷热水供应系统管道布置与敷设

1. 建筑室内冷热水管道的布置在满足使用要求（水压、水量、水温）的情况下，力求管线最短、便于维修，除应注意满足冷水管网的布置与敷设条件外，还应注意因水温带来的体积膨胀、管道伸缩补偿、保温和排水等问题。

2. 管道安装应横平竖直，同一直线上的管道不得有接头。暗敷的排水管道必须采用硬质管材，严禁使用软管。

3. 管卡设置要求：距转角、仪表、龙头、管道终端约 100 mm 处均必须设置管卡，管卡需布置均匀，间距不得大于 800 mm 且安装必须牢固。

4. 冷热水管道需平行安装，左热右冷，上热下冷，如图 2-66 所示。

5. 给水管安装就绪后需要做通水试验和增压试验。冷水管试验压力为 0.6 MPa（6 kg），热水管试验压力为 0.8 MPa（8 kg）。恒压 10 min 压力下降不应大于 0.02 MPa，恒压 1h 压力下降不应大于 0.05 MPa。压力试验时，冷热水管应连通，如图 2-67 和图 2-68 所示。

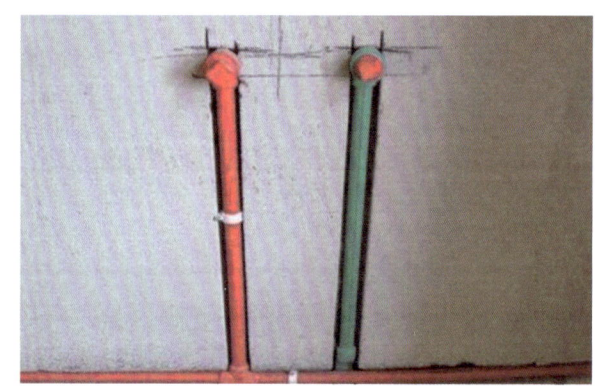

图 2-66　冷热水管道平行安装

图 2-67　热水管道压力测试

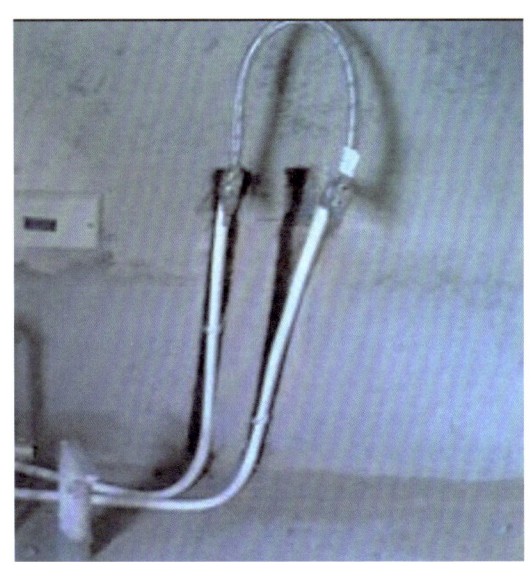

图 2-68 压力试验时冷热水管道应连通

6. 冷热水管线布置应满足以下几点要求：

首先冷热水管线宜明设，如建筑或工艺有特殊要求也可暗设，但应便于安装和检修。明装管道应尽可能布置在卫生间或厨房，敷设一般与冷水管平行。

其次热水管道穿越建筑物顶棚、楼板和基础处应加套管，以防管道胀缩损坏建筑物结构和管道设备。

再其次冷热水系统的横管应有不小于 0.003 的坡度，以便放气和泄气。

此外上行下给式系统只需将循环管道与各立管连接。

最后还需注意水加热器或储水器的冷水供水管应装止回阀，以防止水倒流或串流。

7. 冷热水管区分方法

冷水管的耐受压力是 1.0 MPa 或 1.6 MPa，热水管的耐受压力是 1.6 MPa 或 2.0 MPa。

冷水管与热水管因为要求的耐受压力不同，所以壁厚不同，价格也不同。热水管的管壁要比冷水管的管壁厚，价钱要贵，因此将热水管当冷水管用在经济上是不划算的，而把冷水管用作工作压力较大的热水管则容易造成管壁破裂。

PPR 冷水管一般用作自来水管，热水管一般用作暖气连接管，也可用于热水器的热水管路。

热水管上有红线标志，冷水管上有蓝线标志，并且均有文字标识和耐受压力标志。另外，如果是同种规格的管材，比较壁厚也能区分冷热水管。

冷水管最高耐温不能超过 90 ℃，长期在热水状态下工作会很快老化、开裂，而热水管的价格一般高于冷水管。

8. 卫生间冷热水管安装准备工作

首先冷热水管的接口、出口处须保持平行，一般习惯是左边为热水管，右边为冷水管，管线的线路设计尽量不要弯曲，且尽可能远离电路。

其次冷水管和热水管之间不能过于接近。

此外卫生间如果分冷热水管，那么在施工前就要画好图纸。

关于管卡的位置坡度，为了方便日后的使用和维护，每个阀门都要安装平整。

9. 卫生间冷热水管安装步骤

首先设计好管道平面布置图纸，确定符合要求后施工人员再开始敷设管道。

其次施工人员应找到冷热水管的总阀门并将其关闭，将冷热水管道入口均连接到一个总阀门上，以方便整体管理。

接下来施工人员将管道按照预定图纸平摆好，然后再把相应的水管接到相应的管道上。

冷热水管的安装如图 2-69 和图 2-70 所示。

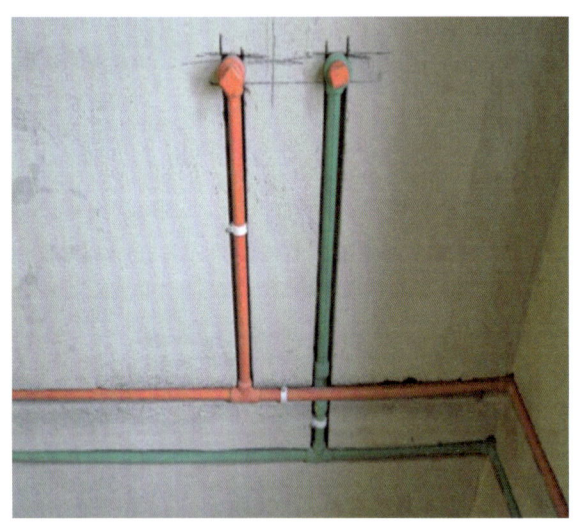

图 2-69　冷热水管的安装 1

图 2-70　冷热水管的安装 2

　　10. 冷热水供应系统应做好保护措施。冷热水供应系统对管道、附件等的要求很高，因为在冷热水输送过程中，水的保温及热水引起的管道膨胀等问题都可能对管道产生影响，而要解决这一系列问题，就需要相应的保护措施。

任务评价

评价内容	评价标准	权重 %	得分
基础知识	掌握建筑室内冷热水供应系统的分类	20	
	掌握冷热水供应系统的组成和加热设备、管道布置与敷设	30	
应用能力	具备冷热水供应系统管道布置与敷设的实施能力	50	

任务小结

　　通过本次任务的学习，同学们已经初步了解了室内冷热水管道安装的施工准备工作、施工步骤和施工工艺要求，同时还掌握了室内冷热水管道安装施工应注意的施工质量问题和成品保护问题。课后，请同学们在教师的带领下走访室内装修施工现场，将理论知识与实践应用紧密结合起来。

能力测试

　　一、填空题

　　1. 建筑给水排水系统是将城镇给水管网中的水引入并满足各类用水对 _____、_____ 和 _____ 要求的冷水供应系统。

　　2. 建筑给水系统中给水方式的基本类型是 _____、_____、_____ 和 _____。

　　3. 室内给水管道的敷设有 _____ 和 ____ 两种形式。室外埋地引入管其管顶覆土厚度不宜小于 _____，并应铺设在冰冻线以下 ____ 处。

　　4. 在建筑室内消火栓消防系统中，低层与高层建筑的高度分界线为 _____m；高层与超高层建筑的高度分界线为 ____m。

　　5. 室内排水系统的附件主要是指检查清扫口、地漏、存水弯、隔油具、滤毛器和吸气阀。

6. 室内排水通气管系统的作用主要是_____。

7. 室内热水供应方式，根据是否设置循环管网及如何设置循环管网可分为_____；根据循环管路长度不同可分为_____；根据循环动力不同可分为_____。

二、判断题

1. 消防用水对水质的要求不高，但必须按照建筑设计防火规范保证供应足够的水量和水压。（　）

2. 在水表口径确定中，当用水量均匀时，应按照系统的设计流量不超过水表的额定流量来确定水表的口径。（　）

3. 建筑内给水管道设计秒流量的确定方法有三种，即平方根法、经验法、概率法。（　）

4. 消火栓的保护半径是指以消火栓作为圆心，消火栓水枪喷射的充实水柱作为半径。（　）

5. 建筑内部合流排水是指建筑中两种或两种以上的污废水合用一套排水管道系统排除。（　）

拓展训练

1. 每名学生观看两段室内冷热水管道安装视频，讨论施工过程中的重要节点，并画出重要节点施工导图。

2. 每名学生参观室内冷热水管道安装工程的施工现场 1 次，参观完毕后撰写心得体会 1 篇，不少于 800 字。

项目三
室内电工工程装饰材料与施工工艺

学习目标

1. 掌握建筑室内强弱电识图基础知识；

2. 认识建筑室内强弱电施工工具与材料，熟悉室内强弱电安装施工工艺与构造；

3. 掌握必备的思想政治理论、科学文化基础知识；熟悉本专业相关的法律法规以及环境保护、安全消防等知识。

知识思维导图

项目三：室内电工工程装饰材料与施工工艺

- 任务一：室内强弱电基础认知
  - 室内强电布置图基础知识
    - 强电配电箱系统图识图
      - 配电箱系统图实例
        - 配电箱进线
        - 进线空气开关断路器
        - 出线回路
        - 分断路器
        - L1、L2、L3 表示总开关负载侧输出 3 个回路
        - 电线种类
      - 配电图敷设方式
    - 开关灯具布置图识图
    - 强电插座布置图识图
  - 室内弱电布置图基础知识
    - 弱电插座布置图
    - 弱电系统设计

- 任务二：室内强弱电施工组织与设计
  - 室内强弱电施工常用工具
    - 识图测量画线工具
    - 开槽施工工具
    - 电线施工工具
    - 验收工具
  - 室内强弱电施工常用材料
    - 电线
    - 线管
    - 开关、插座
    - 其他电路改造材料与配件

- 任务三：室内强弱电施工工艺
  - 电路改造施工
  - 电路改造测量划线
    - 准备工具、材料
    - 技术交底
  - 定位
    - 测量定位
    - 划线
  - 管线开槽
    - 准备工具
    - 开槽施工
  - 管线布设
    - 准备工具、材料
    - 固定插座底盒
    - 配管布线
    - 验收封槽

任务一
室内强弱电基础认知

任务描述

　　当人们第一次听到"强电""弱电"时很容易想当然地理解为"强电就是高压，弱电就是低压"，其实这种理解是错误的。高压和低压有明确的规定，国际上公认的高压和低压的交流电压分界线是 1000 V（直流电压是 1500 V）。那么强电和弱电的区别到底是什么呢？强电一般负责传输能量，用于人们的生产、生活，如照明就是一种能量的转换，强电电流一般以安（A）为单位；弱电传输的则是信息（信号），如网络电话就是传输信号和信息交换，弱电电流一般以毫安（mA）为单位。弱电电压普遍比较低，一般来说直流电压不超过 24 V，也就是在人体安全电压 36 V 以下。本次学习的主要任务是了解强弱电的基本知识，能够认识基本的电路图，厘清建筑室内强弱电的使用特点和适用范围，并进一步扩大学生的认知领域，提升专业兴趣，夯实室内装饰施工基础知识。

　　室内常用的电箱分为强电箱和弱电箱，如图 3-1 所示。

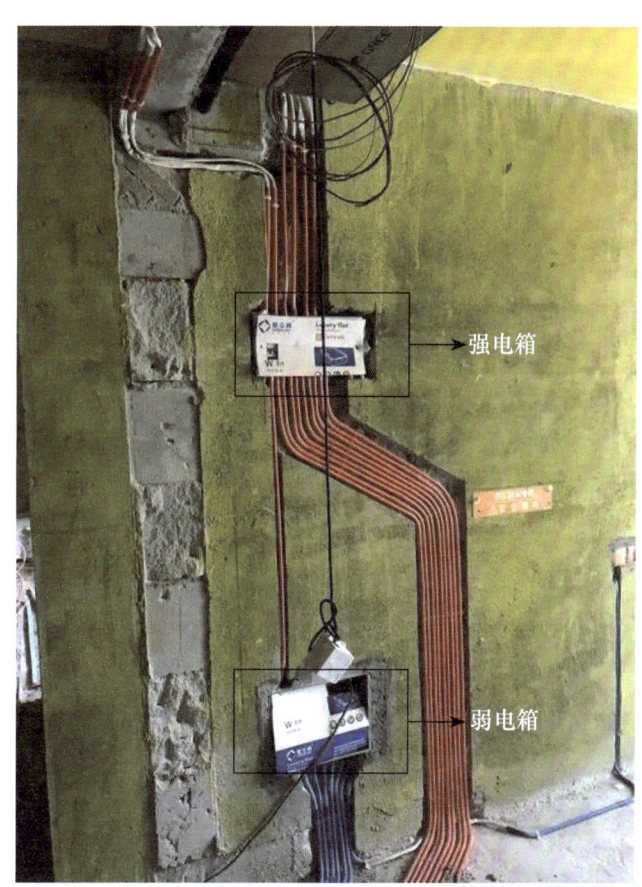

强电箱

弱电箱

图 3-1　室内常用电箱

一、室内强电布置图基础知识

1. 强电配电箱系统图识图

（1）配电箱系统图实例

图 3-2 所示为某商业空间的配电箱系统图纸，系统图中包含线路和图元，分别用不同的英文字母来表示，学生要熟悉这些字母的基本含义，以便更准确地理解配电箱系统图。图中相关标注的解读如下：

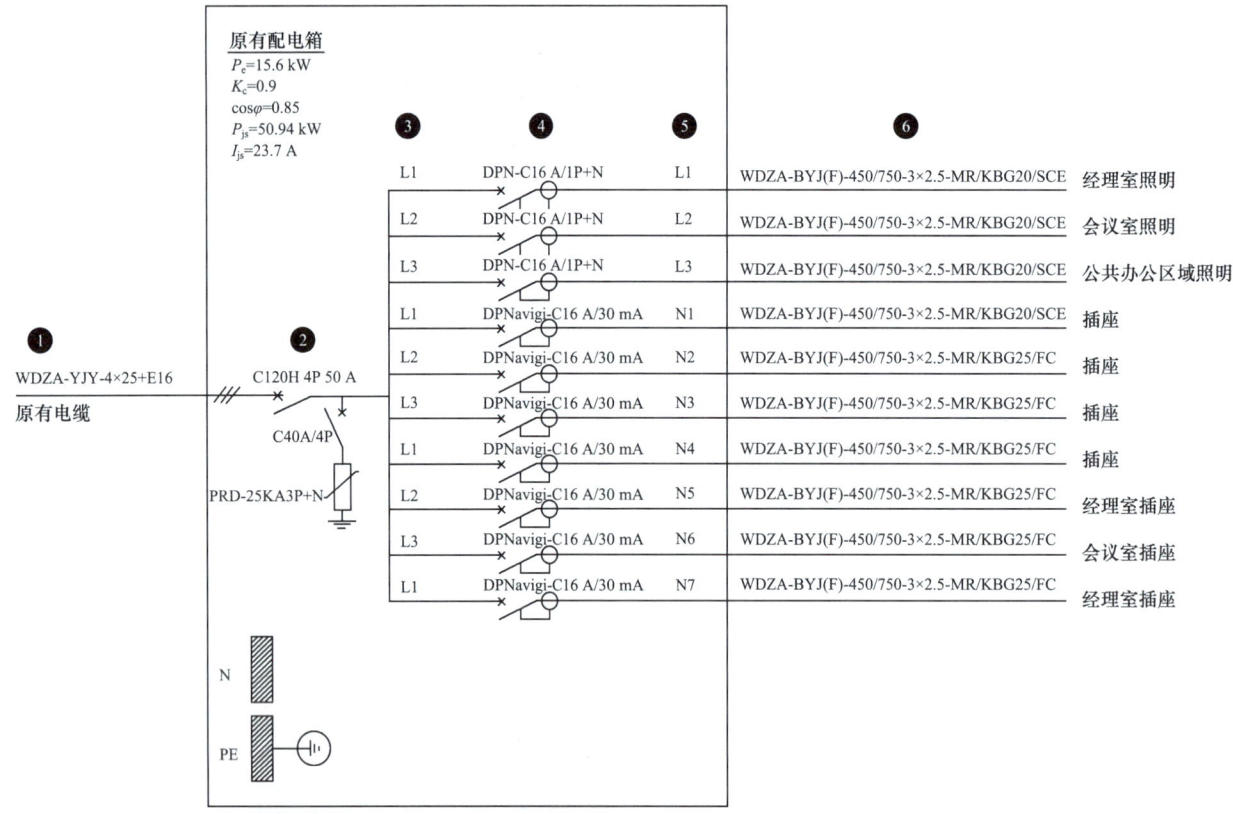

图 3-2　某商业空间的配电箱系统图纸

配电箱进线：从图 3-2 中可以看出该配电箱是一路常用电源，且配电箱进线为原有电缆进线。

WDZA-YJY-4×25+E16 为电缆型号，指的是无卤低烟 A 级阻燃（铜芯）交联聚乙烯绝缘聚乙烯护套 5 芯（4+1）电力电缆。WDZA 是类别、用途代号，WD 表示低烟无卤型，ZA 表示 A 级阻燃；YJ 是绝缘种类代号，表示交联聚乙烯；Y 是内护层，代表聚乙烯护套；4×25+E16 是导体材料，表示 4 根 25 mm² 线芯加 1 根 16 mm² 线芯，如图 3-3 所示。

进线空气开关断路器：图 3-2 所示配电箱系统中的 C120H 4P 50 A 是施耐德小型断路器型号，4P 表示 4 极，50 A 表示额定分段电流为 50 A。

空气开关，也叫空气开关断路器，是一种只要电路中的电流超过额定电流就会自动断开的开关。它不仅能使电路接触和分断，还能在电路或电气设备发生短路、严重过载或欠电压等情况时对其进行保护，常用的空气开关有 1P、2P、3P、4P 这四种，1P、2P、3P、4P 在系统图中代表空气开关的极位，如图 3-4 所示。

出线回路：图 3-2 所示配电箱系统中左侧的 L1、L2、L3 所表示的三相电为 380 V，适用于企业和工厂。

L1、L2、L3 表示 A、B、C 三相电源。交流配电母线 L1、L2、L3 三相的涂色一般分别是黄色、绿色、红色。工作零线保护接地线，每一相和工作零线构成一个回路，如图 3-5 所示。

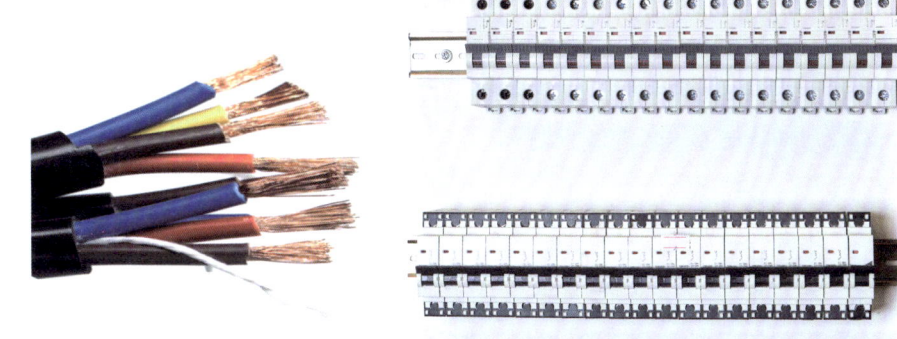

图 3-3　电缆　　　　　图 3-4　空气开关断路器

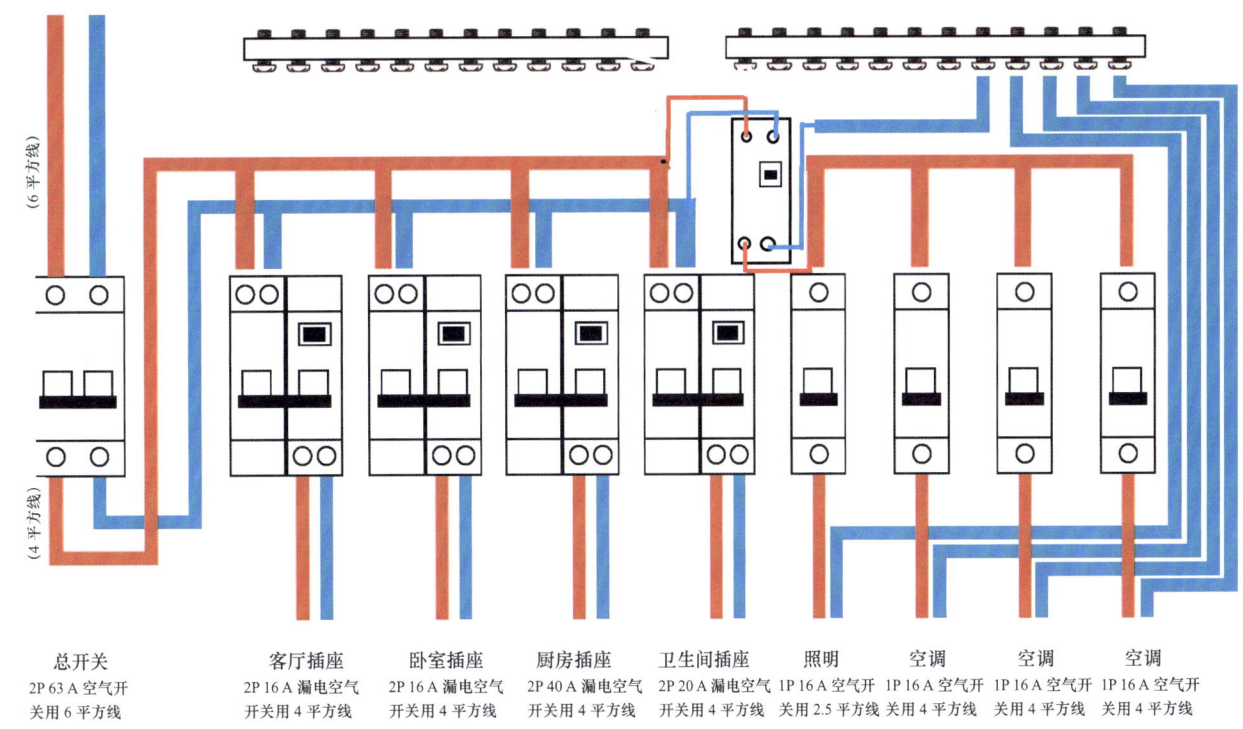

（6 平方线）

（4 平方线）

总开关	客厅插座	卧室插座	厨房插座	卫生间插座	照明	空调	空调	空调
2P 63 A 空气开关用 6 平方线	2P 16 A 漏电空气开关用 4 平方线	2P 16 A 漏电空气开关用 4 平方线	2P 40 A 漏电空气开关用 4 平方线	2P 20 A 漏电空气开关用 4 平方线	1P 16 A 空气开关用 2.5 平方线	1P 16 A 空气开关用 4 平方线	1P 16 A 空气开关用 4 平方线	1P 16 A 空气开关用 4 平方线

图 3-5　家庭配电箱系统接线方法图示

分断路器：图 3-2 所示配电箱系统图纸中的 DPN 是施耐德微型空气断路器，属漏电保护开关。

DPN-C16 A/1P+N：16 A 为额定电流，1P+N 为单极 +N 断路器。

DPNavigi-C16 A/30 mA：vigi 表示漏电脱扣附件，DPNavigi 代表断路器 + 漏电保护脱扣功能；C16 A 表示 C 形脱扣曲线，额定电流为 16 A；30 mA 表示漏电动作电流为 30 mA。

图 3-2 所示配电箱系统图纸右侧的 L1、L2、L3 表示总开关负载侧输出 3 个回路；N1、N2、N3、N4、N5、N6、N7 表示开关共 7 个回路。

电线种类：WDZA-BYJ（F）指无卤低烟 A 级阻燃交联聚乙烯绝缘的电线；450/750 表示 450/750 绝缘耐压；3×2.5 表示 3 根 2.5 mm² 电线；MR/KBG25/FC 中 MR 代表金属线槽敷设，KBG25 代表直径为 25 mm 的扣压式金属电线管，FC 代表线是沿地板或地面下进行敷设。

（2）配电图敷设方式

配电图敷设方式常见符号见表 3-1。

表 3-1　配电图敷设方式常见符号

字母符号	敷设方式	字母符号	敷设方式
AB	沿梁或跨梁（屋架）敷设	SCE	吊顶内敷设
BC	暗敷设在梁内	FC	地板或地面下敷设
AC	沿柱或跨柱敷设	SC	穿焊接钢管敷设
CLC	暗敷设在柱内	MT	穿电线管敷设
WS	沿墙面敷设	PC	穿硬塑料管敷设
WC	暗敷设在墙内	FPC	穿阻燃半硬聚氯乙烯管敷设
CE	混凝土排管敷设	TC	电缆沟敷设
CC	暗敷设在屋面或顶板内	MR	金属线槽敷设
CP	穿金属软管敷设	M	用钢索敷设
CT	电缆桥架敷设	DB	直接埋设
KPC	穿聚氯乙烯塑料波纹电线管敷设		

2. 开关灯具布置图识图

（1）图例解读

开关灯具图例说明见表 3-2。

表 3-2　开关灯具图例说明

图例	说明	图例	说明
	艺术吊灯		吸顶灯
	暗藏灯带		浴霸
	节能筒灯		排气扇
	防潮吸顶灯		筒灯
	镜前灯		石英射灯
	索道射灯		壁灯
	低压轨道射灯		镜前灯
	高压索道射灯		水晶吊灯
	排风扇		小吊灯
	空调送风口		吸顶灯
	喷淋		方形筒灯
	烟感		方形槽小筒灯
	600 mm×600 mm 格栅灯		排气扇
	大型吊灯		

（2）实例图示

图 3-6 所示为某办公室开关灯具布置图，通过识别图上开关、灯具的图例，学生可以了解不同位置安装的不同种类和数量的开关与灯具，并将开关和与之对应被控制的灯具进行连线。

3. 强电插座布置图识图

（1）图例解读

强电插座图例说明见表 3-3。

表 3-3　强电插座图例说明

图例	说明	图例	说明
	SP 单相 10 A 二三级备用插座		SS 空气开关，距地 1.5 m
B	JB 带空气开关接线盒		灯开关
C	JB 接线箱出线留 1.5 m 或单相 10 A 三级插座		动力配电箱（距地 0.8 m）
D	JB 带 15～30 A 接线端子接线箱		AP 点位置
	插座，86 型五孔万用面板		地插盒，内 86 型五孔万用面板

注：
1. 所有图上未标识高度的插座，一律为 H=300 mm（盖板中心至地坪完成面）。
2. 同点有 2 组以上插座时，其盖板间隔一律为 15 mm。
3. 所有电源插座一律为接地型。
4. 配电线管由此引下 2.5 m。

（2）实例图示

图 3-7 所示为某专家公寓强电插座平面布置图，通过识别图上不同插座的图例，学生可以了解插座的种类、每种插座的数量及每个插座的安装位置，包括配电箱的数量、位置和金属线槽的位置、长度等。

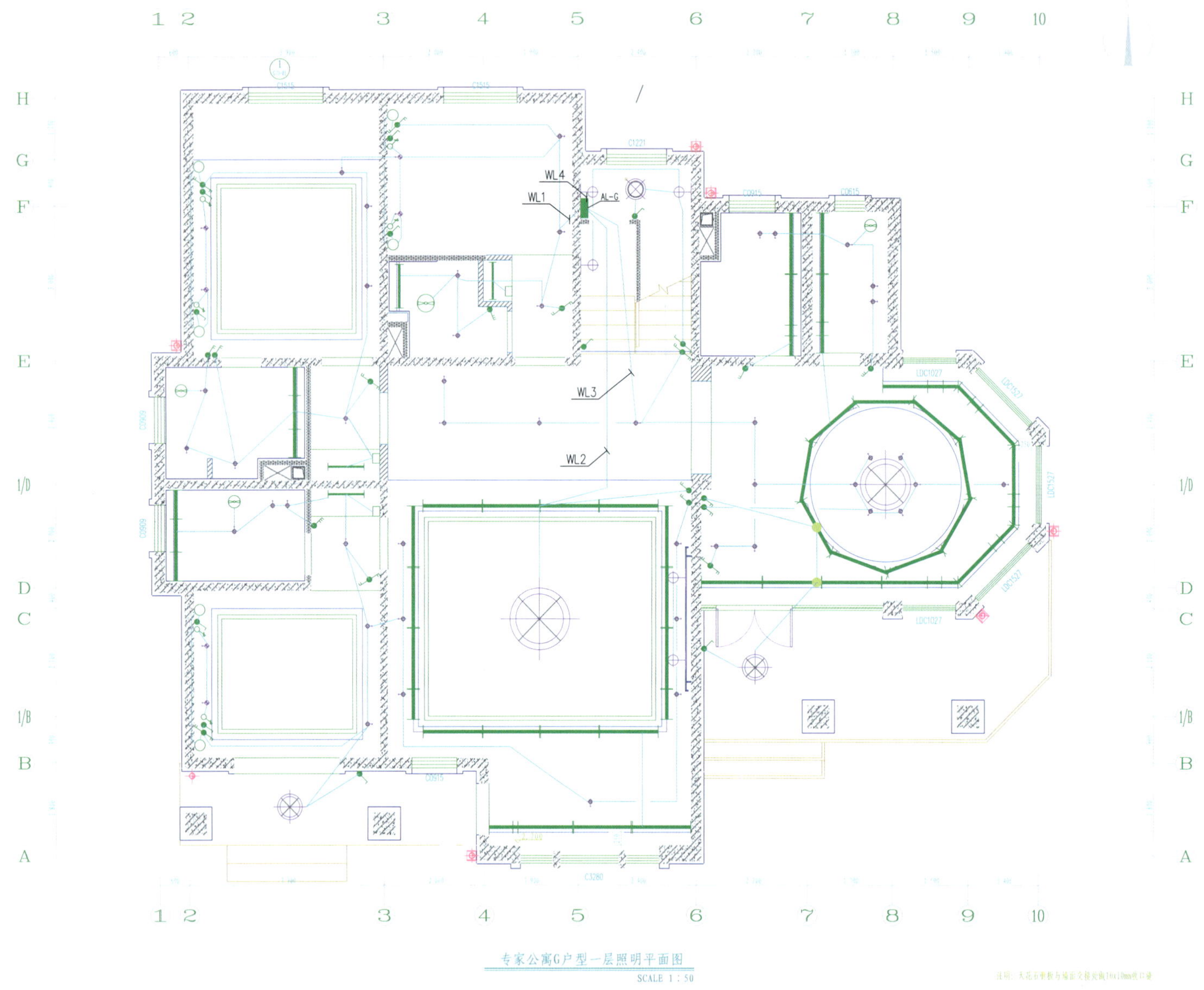

WL4
WL1
AL—G

WL3

WL2

专家公寓G户型一层照明平面图
SCALE 1:50

图 3-6　某办公室开关灯具布置图

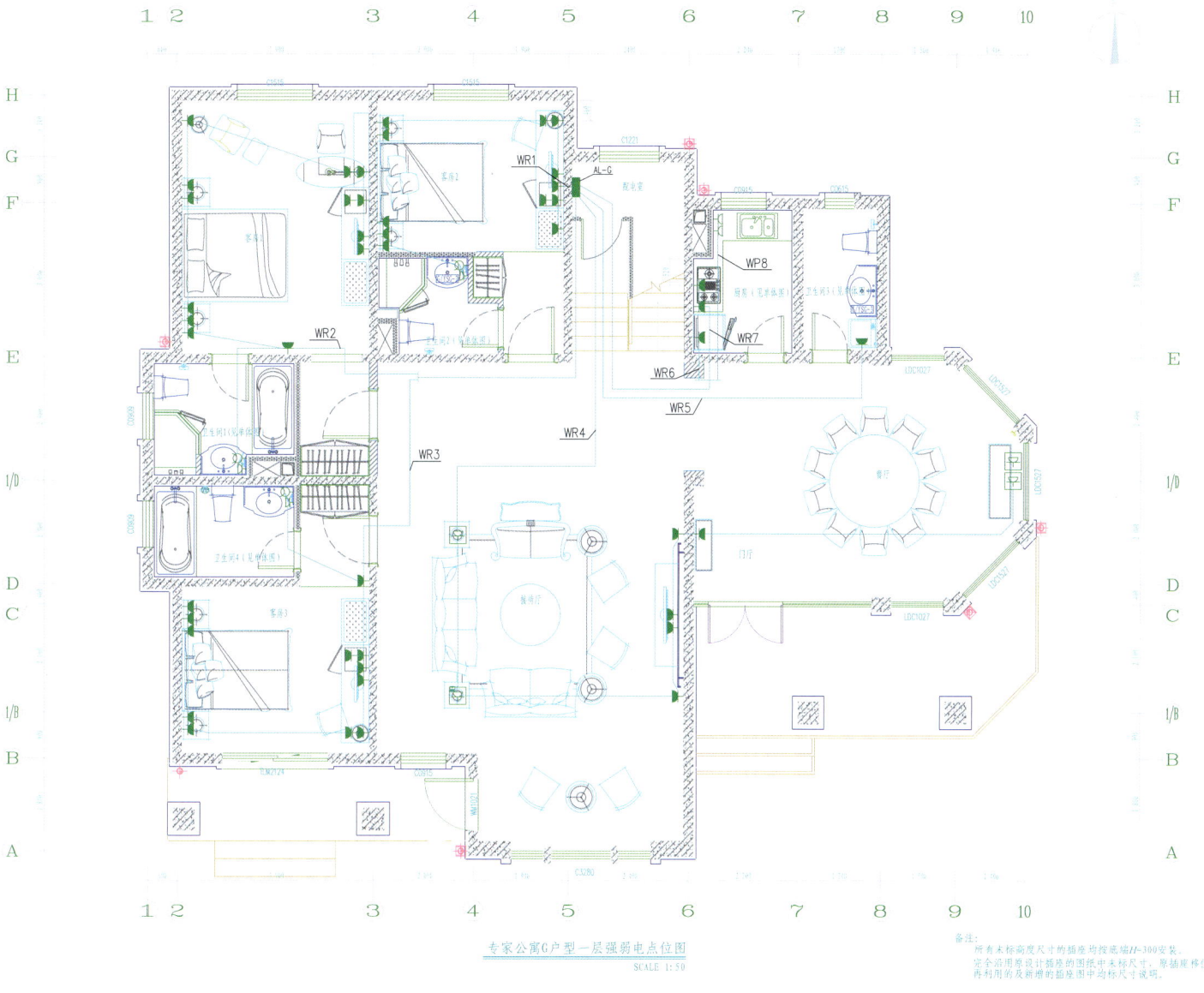

专家公寓G户型一层强弱电点位图

SCALE 1:50

备注:
所有未标高度尺寸的插座均按底端H=300安装。
完全沿用原设计插座的图纸中未标尺寸,原插座标位
再利用的及新增的插座图中均标尺寸说明。

图 3-7 某专家公寓强电插座平面布置图

二、室内弱电布置图基础知识

弱电在日常生活中很常见，几乎所有的电子产品中都存在弱电。弱电指的是传递信号所需要的电流和电压，其特点是电流小、频率高、电压小。弱电与强电的根本区别在于强电以供电传输为目的，而弱电则以数据传输为目的。弱电的应用非常广泛，包括住宅、办公大楼、酒店、医院、监狱、学校、车站、机场等各类场所。室内装饰中的弱电使用可以使现代化建筑具有智能、安全、节能、舒适的特征。

1. 弱电的分类及应用

弱电主要分为两类：一类是我国规定的安全电压（42 V、36 V、24 V、12 V、6 V）和控制电压等低电压电能，这类弱电有交流电与直流电之分，交流电压为 36 V 以下，直流电压为 24 V 以下，如 24 V 的直流控制电源、应急照明灯备用电源、楼宇自动控制（如门禁和安防）电源等；另一类是载有语音、图像、数据等信息的信息源，如家用电话、电脑、电视机（有线电视线路）、音响设备（输出端线路）、广播系统、网络线路等均为弱电电气设备，该类弱电直流电压一般在 36 V 以下。

常见的弱电系统有以下几种：

①综合布线系统，这是支撑整个弱电系统的重要组成部分。

②计算机网络系统。

③电视信号分配系统。

④电话通信系统。

⑤消防报警系统。

⑥音乐和广播系统。

⑦保安监控系统。

⑧出入口控制、停车收费系统。

⑨楼宇自控与家居智能化系统。

2. 弱电插座布置图

（1）图例解读

弱电插座图例见表 3-4。

表 3-4　弱电插座图例说明

图例	说明	图例	说明	图例	说明
	栅栏		可视对讲机		电话报警联网适配器
	监视区		读卡器		黑白摄像机
	保护区		紧急按钮开关		彩色摄像机
	加强保护区（禁区）		门磁开关		长时间录像机
	保安巡逻打卡器		玻璃破碎探测器		监视器（黑白）
	周界报警控制器		振动探测器		视频补偿器
	主动红外入侵探测器		空间移动探测器		云台
	楼宇对讲电控防盗门主机器		被动红外探测器		云台、镜头控制器
	对讲电话分机		烟感探测器		图像分割器
	电控锁		气表		直流供电器

（2）实例图示

图 3-8 所示为某室内空间弱电插座平面布置图，通过识别图上不同插座的图例使学生了解插座的种类、每种插座的数量及每个插座的位置。

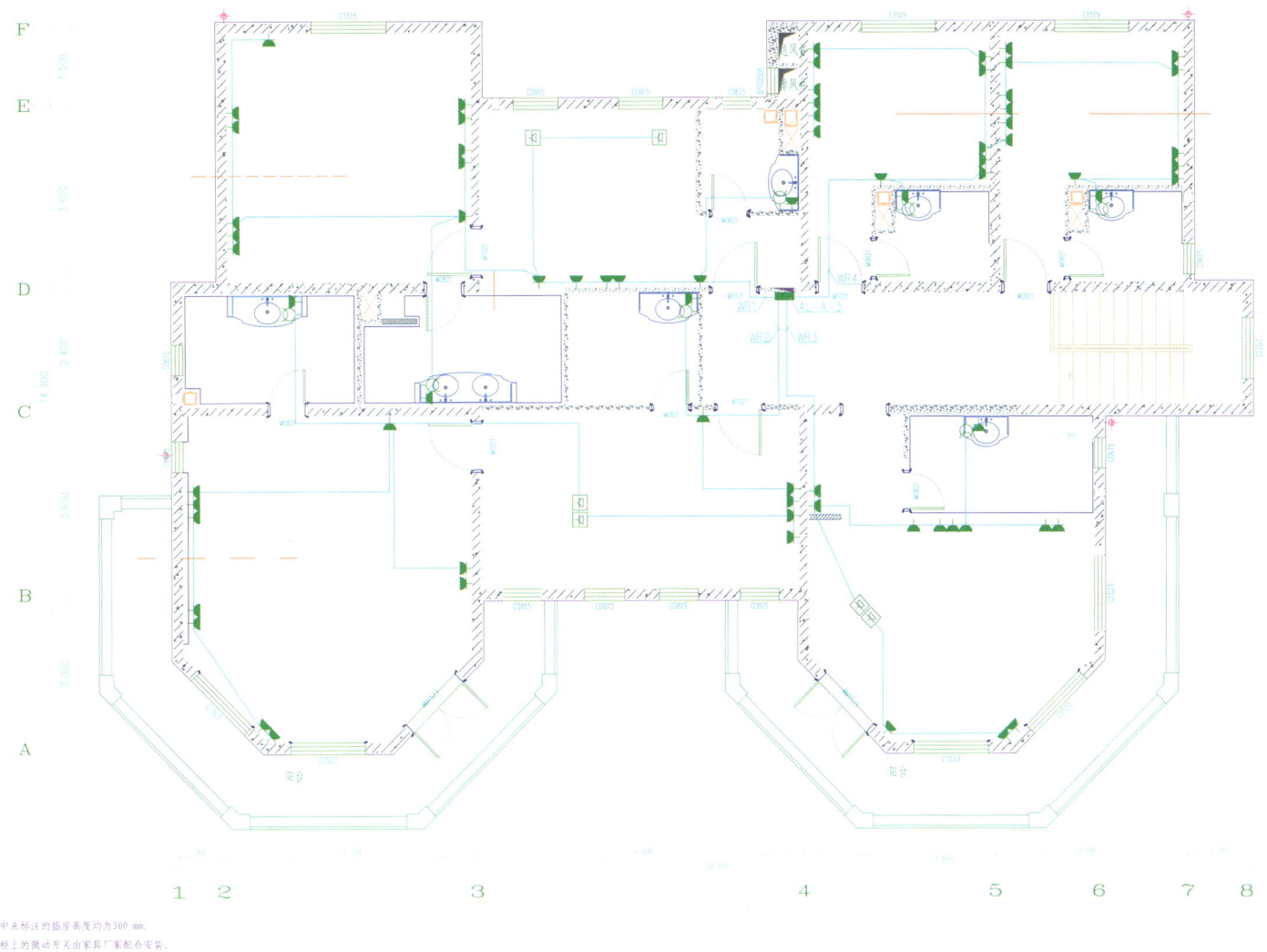

说明：
1. 图中未标注的插座高度均为300 mm。
2. 衣柜上的微动开关由家具厂家配合安装。
3. 完全沿用原设计的插座及开关
   图中未标注尺寸，原插座移位再
   利用及新增插座图中均标注尺
   寸及说明。

图 3-8　某室内空间弱电插座平面布置图

任务实施

灯具开关安装
工艺演示

一、强电系统设计

1.照明系统

照明系统的设计，应遵循环保、实用、舒适、安全和经济的原则，并在此基础上，向节能和回归大自然发展，这对视觉效果也提出了更高的要求。室内照明设计主要涉及以下几个方面的内容：

（1）光照强度

室内照明设计，首先要参考国家标准对居住建筑照明标准值的规定，并结合室内的实际特点，科学地设定光照强度标准值，这是照明系统设计的重要原则。

（2）光源的选择

当前，光源的种类和数量繁多，不同种类的光源性能也各不相同。就照明系统而言，光源的选择最主要的还是考虑其色度、显色性、使用寿命和照明节能等因素，在保证不降低作业视觉要求及照明质量的前提下，力求减少照明系统中的光能损失，以最有效地利用电能。

（3）插座的选择与布置

为满足用电需要并保障用电安全，强电系统设计还应考虑电源插座的合理化设计问题。设计时应从装饰工程合理性的角度出发，根据家具、家电的放置位置，设置足够数量的电源插座。

2.供配电系统

强电系统设计中供配电系统的设计主要考虑分户配电箱、楼层配电箱和进线柜之间的连接关系，从而合理选择开关和导线，配电箱的安装位置和安装方式，供配电线路的敷设方式等。

（1）室内配电设计

室内配电设计是在每个用户室内设置一台末级配电箱，以实现对电能的控制、分配及计量。电能的计量可通过设置IC卡电表或新型集中式智能电能表来实现，亦可采用智能控电管理系统在楼层配电箱处实现。为了让每个用户的用电安全得到保障，用户室内配电箱内需设置主开关一个，大功率电器应分别设置出线分开关，如空调、电热水器、电磁炉等，由于公寓照明灯具用电量小，卫生间浴霸电源可接入灯具回路，这样做的目的是通过多回路使用户室内负荷电流分流，减少线路升温，延长线路的使用寿命，减少诸如电气火灾等相关事故的发生。

（2）楼层配电设计和进户配电箱

要想使楼层配电箱的数量、位置及线路设置安装更加科学、合理，我们就要对楼层配电设计进行进一步的分析和探讨。楼层配电箱应尽量设置在负荷中心，以控制线路末端的电压损失。从楼层配电箱到用户配电箱的配电形式应采用放射式。每幢楼房的总电源进线配电箱，其安装位置依据具体设计和管理方案，多设置在一层配电室内。为防止接地电弧短路引起电气火灾，设计时应按住宅电气设计规范要求在进户箱的总电源进线断路器处设置漏电保护装置。为避免漏电跳闸引起大范围停电，应在楼层配电箱总电源进线断路器处设置漏电保护装置。

二、弱电系统设计

随着市场经济的发展和信息技术的进步，智能建筑应运而生并不断发展，这是时代进步的体现，也是适应社会需求的建筑行业的发展趋势。智能建筑弱电系统设计是实现建筑智能化的关键环节，其在方向性和专业性方面要求很高，因此要由智能化专业人员进行深化。在基本硬件设施上，弱电系统是智能建筑必不可少的部分，它包含电话通信系统、计算机网络系统和有线电视系统三个主要构成部分，此外还有电视监控系统、背景音乐系统、智能控电管理系统等。电气设计人员应综合考虑预埋弱电管路通道的具体情况，以便其进行深化设计。

总的来说，新型建筑电气设计是一个复杂的系统工程，其本身必将随着社会的不断变化而不断发展。为了给人们创造更好的生活环境和生活条件，我们有责任对电气设计及相关技术做进一步的探索和研究，将不断创新的技术成果运用到工作当中，更好地服务社会，为人们创造更加现代化、智能化的生活。

任务评价

评价内容	评价标准	权重 %	得分
基础知识	掌握强电布置图基础知识	20	
	掌握弱电布置图基础知识	30	
应用能力	在实际项目中灵活运用所学知识	50	

任务小结

通过本次任务的学习，我们已经初步了解了室内装饰工程中强弱电的基本知识，对室内装饰工程电路图也有了基本认知。不管是强电还是弱电，其施工安装都是家装中重要且关键的部分。在电路工程方面我们要做到既不留安全隐患，也不给后期使用造成麻烦。施工时务必保证强电和弱电不同槽开槽布线，否则会产生电磁波干扰，导致线路信号削弱。

能力测试

填空题

1.《城市电力网规划设计导则》（Q/GDW 156—2006）规定：输电网为 _____ kV、_____ kV、_____ kV、_____ kV，高压配电网为 _____ kV、_____ kV，中压配电网为 _____ kV、_____ kV、_____ kV，低压配电网为 _____ kV。

2. 在民用建筑中空调、电热设备归入照明负荷；动力负荷指 _____、_____、_____ 等。

3. 变压器按冷却方式分为 _____、_____。应急备用发电机组目前大多采用 _____ 发电机组。

4. 在工业与民用建筑中常见的等级电压为 _____ kV 和 _____ V。

拓展训练

学生使用 AuotAutoCAD 绘图软件，绘制相应空间的强弱电电路图。

任务二

室内强弱电施工组织与设计

任务描述

　　室内强弱电施工人员首先要认真熟悉消化施工图纸，准备好图纸会审要提的问题，认真参加技术交底会审，尽量把问题解决在施工之前；其次要明确设计要求，查阅规范、标准，准备齐全现场资料，随用随查，做到按图纸和规范施工；此外还要做好详细可行的施工组织设计和各单项工程的施工方案，向施工人员进行交底，关键重点部位施工前还需再次交底，问题没有解决前，不能盲目施工；最后还要严格执行入场安全教育，按要求对工人进行安全交底，并与每个工人订立安全责任书，把安全措施落实到各施工班组和全体工人。本次学习的任务主要是了解和掌握室内强弱电施工工具与材料的基本知识；熟练进行室内装饰工程中强弱电的施工工具和材料的选择和使用。

知识链接

一、室内强弱电施工常用工具

　　根据施工流程，室内强弱电施工常用工具可分为识图测量画线工具、开槽施工工具、电线施工工具、验收工具等。

1. 识图测量画线工具（表 3-5）

　　在敷设电路之前，施工人员需要根据电路布置图进行现场画线定位，常用的工具有卷尺、激光水平仪、墨斗画线器、水平尺等。

2. 开槽施工工具（表 3-6）

　　施工人员开槽施工要在墙面上根据施工要求画好布线图，然后使用开槽机在墙面上滚动，可以通过调节滚轮的高度控制开槽深度。在开槽施工过程中，常用的开槽工具有开槽机、云石机、电锤、锤子、防尘口罩等。

表 3-5　测量画线工具

名　称	图　示	用　途
卷尺		卷尺是建筑和装饰工程中的常用工具，用以测量较长的尺寸或距离。卷尺有钢卷尺和皮尺两种，长度有 3 m、5 m、20 m、30 m、50 m 等
激光水平仪		激光水平仪是可以投影形成水平和垂直激光线的仪器，用于辅助画放样线和检测线是否平直
墨斗画线器		墨斗是中国传统木工行业中极为常见的工具，通常用于测量和房屋建造等方面。使用时我们从墨斗中拉出墨线，放到指定位置上，绷紧，提起墨线后松手，即可弹出墨线。墨线清晰纤细，不易去除
水平尺		水平尺用于检验、测量、画线、设备安装、工业工程的施工等。水平尺较轻，带有水准泡，可用于调试设备是否安装水平

表 3-6　开槽施工常用工具

名　称	图　示	用　途
开槽机		开槽机操作方便，能开出深度与宽度统一的线管槽，灰尘少，效率高，线槽标准，可调节开槽深度、宽度，可连接吸尘器与雾化器，减少灰尘
云石机（石材切割机）		云石机（石材切割机）适用于建筑装潢、石材加工，可对水磨石、大理石、花岗岩、玻璃、水泥制板等材料进行切割、开槽作业。它具有切削效率高、加工质量好、使用简便、劳动强度低的优点
电锤		电锤主要用来在砖墙、楼板、混凝土和石材上钻孔。线管、底盒开槽、管卡固定、灯具安装都需要电锤。其优点是孔径大，钻进深度大，效率高
锤子：羊角锤（上）楔形锤（中）八角锤（下）		锤子用来敲打物体使其移动或变形。锤头的形状有羊角、楔形、八角等，不同场合使用不同的锤子。锤子在电路明线安装、开槽、砸除时使用较多
防尘口罩		防尘口罩具有双滤棉，又称自吸过滤式防颗粒物呼吸器，为特种劳动防护用品

3. 电线施工工具（表 3-7）

在电线敷设的过程中，常用的施工工具有螺具、电工钳、扳手、弯管器、弯管弹簧、剪管器、管钳、电工刀、电工穿线器等。

表 3-7　电线施工常用工具

名　称	图　示	用　途
螺具： 一字螺具（上） 十字螺具（下）		螺具是用来拧转螺钉迫使其就位的工具。一字螺具通常有一个薄楔形头，可插入螺钉头的槽缝或凹口内
电工钳： 尖嘴钳（左一） 斜口钳（右一） 剥线钳（下）		电工钳是一种用于夹持、固定加工工件或者扭转、弯曲、剪断金属丝线的手工工具。钳子的外形呈 V 形，通常包括手柄、钳腮和钳嘴三个部分。钳子的手柄依据握持形式可分为直柄、弯柄和弓柄三种。钳子的类型有钢丝钳、尖嘴钳、斜口钳和剥线钳
扳手： 活动扳手（上） 固定扳手（下）		扳手可分为固定扳手和活动扳手两种。 固定扳手：固定扳手的一端或两端制有固定尺寸的开口，用以拧转一定尺寸的螺母或螺栓 活动扳手：活动扳手的开口宽度可在一定尺寸范围内进行调节，能拧转不同规格的螺栓或螺母。活动扳手的结构特点是固定钳口制成带有细齿的平钳凹；活动钳口一端制成平钳口，另一端制成带有细齿的凹钳口；向下按动蜗杆，活动钳口可迅速取下，调换钳口位置

名　称	图　示	用　途
弯管器		弯管器有多种，其中一种指电工排线布管所用工具，用于电线管的折弯排管等。手动弯管器适用于铝塑管、铜管等，可使管道弯曲工整、圆滑、快捷，不产生变形及裂变
弯管弹簧		在使用弯管弹簧弯管时，人们只需将型号合适的弹簧插入需要折弯的PVC管材，手握管材两端用力折弯到需要的角度，然后抽出弹簧即可。使用弯管弹簧可以更好地保护PVC管，不易折坏
剪管器		剪管器又称管子割刀，可用于切割PVC、PPR管。其可切割的直径尺寸有33 mm、36 mm、42 mm等
管钳		管钳是在管道管件连接时，用来紧固或松动的工具。新型管钳对金属管件、陶瓷管件、薄壁管件、塑料管件等进行夹持、旋转时并不会产生咬痕，因而不损伤管件表面
电工刀		电工刀是电工常用的一种切削工具，普通的电工刀由刀片、刀刃、刀把、刀挂等构成。不用时，把刀片收缩到刀把内

名　称	图　示	用　途
电工穿线器		在线管埋完后进行穿线时使用，传统穿线方法是使用两根带钩钢丝绳辅助进行，而电工穿线器则是利用电线的牵引头穿过线头再用专业的束紧器固定。这种束紧器不仅固定效果好，而且施工方便，节省穿线时间

4. 验收工具（表 3-8）

在完成电路布线之后，施工人员还需要对电路进行检测验收，常用的验收工具有万用表、兆欧表、试电笔等。

表 3-8　验收常用工具

名　称	图　示	用　途
万用表： 指针万用表（左） 数字万能表（右）	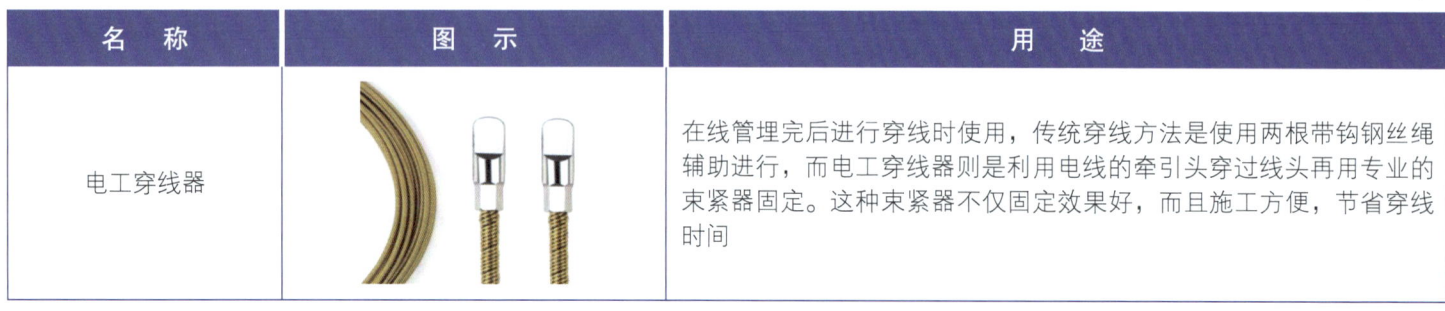	万用表又称复用表、多用表、三用表、繁用表等，是电力、电子等部门不可缺少的测量仪表，一般用来测量电压、电流和电阻。万用表按显示方式可分为指针万用表和数字万用表两种
兆欧表 （绝缘电阻测量仪）		兆欧表是电工常用的一种测量仪表，主要用来检查电气设备、家用电器或电气线路对地及相间的绝缘电阻，以保证这些设备、电器和线路处于正常工作状态，避免发生触电伤亡或设备损坏等事故
试电笔		试电笔也叫测电笔，简称"电笔"，用来测试电线中是否带电。人们在使用试电笔时，一定要用手触及试电笔尾端金属部分，使带电体、试电笔、人体与大地形成回路，若笔体中有一氖泡发光，说明导线有电或为通路的火线

二、室内强弱电施工常用材料

1.电线

电路施工根据敷设条件的不同，可选用一般塑料绝缘电缆、钢带铠装电缆、钢丝铠装电缆、防腐电缆等。一般家庭常用的电线规格有 1.5 mm²、2.5 mm²、4 mm²、6 mm²，如图 3-9 所示。

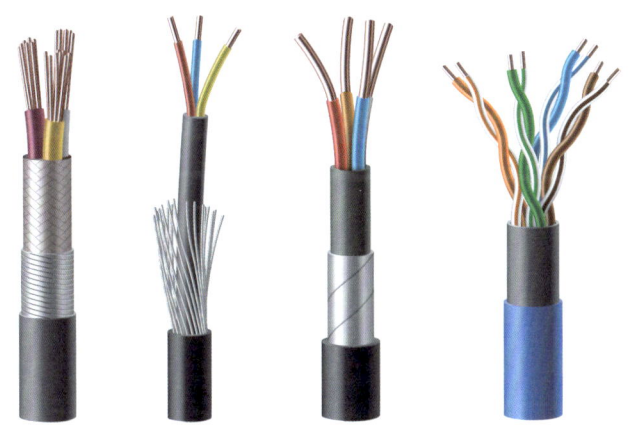

图 3-9　电线

（1）电话线

电话线就是电话的进户线，用于传输声音和数据，一般采用铜芯线，其芯数决定可接电话分机的数量，常见的规格有二芯和四芯。家庭装修中一般使用二芯电话线，若需要连接传真机或者电脑拨号上网，可选用四芯电话线。电话线可以用网线代替，现在就有一些家庭的电话是通过网线连接的，如图 3-10 示。

（2）电视线

电视线是用于传输电视信号的线缆，目前主要有有线电视同轴电缆和数字电视同轴电缆两种。有线电视采用双屏蔽电缆，用于传输数字电视信号时会有一定的损耗，而数字电视同轴电缆采用的则是四屏蔽电缆，既能传输数字电视信号，也能传输有线电视信号，如图 3-11 所示。在抗干扰方面，四屏蔽电缆优于双屏蔽电缆。

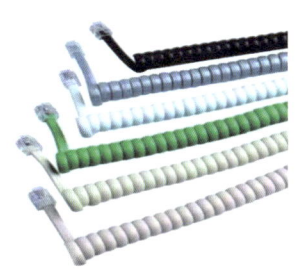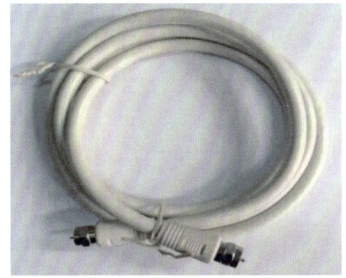

图 3-10　电话线　　　　图 3-11　电视线

（3）网线

网线是用于数据传输的一种连接线。光缆是目前最先进的网线，由许多根细如发丝的玻璃纤维外加绝缘套组成，如图 3-12 所示。光缆靠光波传送，其优点有抗电磁干扰能力强、保密性好、速度快、传输容量大等。

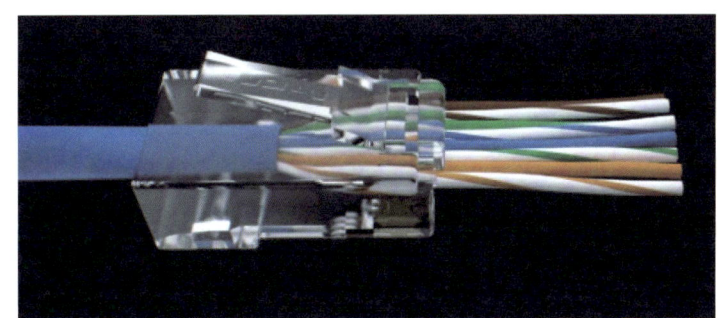

图 3-12　网线

（4）影音线

影音线是用于传输音乐、视频的线路，主要有音响线、音频线和音视频线，如图 3-13 所示。音响线俗称喇叭线，主要用于家庭影院中功率放大器和音箱的连接。音频线是一种电子连接线，功能是把家庭影院中激光 CD 机、DVD 等输出的信号传输到背景音乐功率放大器的信号输入端，主要用于家庭视听系统。

图 3-13　影音线

图 3-14　PVC 管

2. 线管

电路施工有明装与暗装两种方式，无论哪种电线都必须采用穿管的方式来敷设。电线穿管的目的是保护电线，延长电线的使用寿命，同时方便日后维修。线管又叫电线套管、电线护套线，材料主要有 PVC 管和镀锌钢管两种，常见的尺寸有 16 mm、20 mm、25 mm、30 mm、40 mm、50 mm。

（1）PVC 管线管

家居装饰中最常采用的线管是PVC 管，如图 3-14 所示。PVC 管配管方便，既可以暗埋也可以明装，具有很好的绝缘性和抗压、抗腐蚀性，物理性质稳定。PVC 穿线管的作用主要有以下几点：一是保护电线，延长电线的使用寿命；二是可以加大电线的负荷，让电线散热，延缓电线的老化；三是维修简便，不是重大问题不需要打墙；四是发生电气火灾时能在较长时间内有效保护线路，减少破坏损失。

（2）镀锌钢管线管

镀锌钢管线管运用在电路中，是利用其柔软、能反复弯曲、耐腐蚀和耐高温等特性，如图 3-15 所示。

（3）PVC 线槽

线槽的种类多种多样，常用的有环保阻燃 PVC 线槽、无卤 PPO 线槽、无卤 PC/ABS 线槽、钢铝等金属线槽等。PVC 线槽，即聚氯乙烯线槽，其一般通用叫法有行线槽、电气配线槽、走线槽等。PVC 线槽主要用于电气设备内部布线，方便配线，而且布线整齐，便于查找、维修和调换线路。

PVC 可耐碱和大多数无机酸，如发烟硫酸、浓硝酸、多数有机和无机盐以及过氧化氢等，并且其力学性能优良、强度高，还可以根据不同的用途及对线槽的不同要求，设计成不同的形状。

PVC 线槽的品种规格很多，从型号上讲有 PVC-20 系列、PVC-25 系列、PVC-25F 系列、PVC-30 系列，PVC-40 系列、PVC-40Q 系列等；从规格上讲有 20 mm×12 mm、 25 mm×12.5 mm、25 mm×25 mm、30 mm×15 mm、40 mm×20 mm、14 mm×24 mm、18 mm×38 mm 等，如图 3-16 所示。

3. 开关、插座

常见的开关、插座种类如图 3-17 和图 3-18 所示。

（1）开关种类

①按照用途分类：开关按用途可分为波动开关、波段开关、录放开关、申源开关、预选开关、限位开关、控制开关、转换开关、隔离开关、行程开关、墙壁开关和智能防火开关等。

图 3-15　镀锌钢管线管

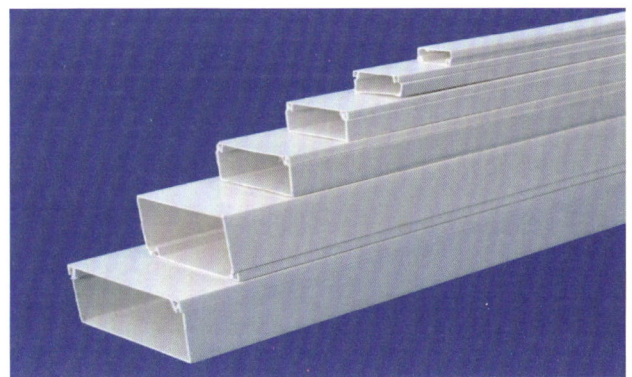

图 3-16　PVC 线槽

正五孔	斜五孔	一开双控	五孔3USB	五孔USB	七孔
10A三孔	二孔10A三孔16A	16A三孔	一开16A	一开双控	二开双控
三开双控	四开双控	白板	一位电视	一位电脑	一位电脑(六类)
一位电话	二位电脑电视	一位音箱	16A三相四线	底盒	防溅盒

图 3-17　常见开关、插座种类 1

图 3-18　常见开关、插座种类 2

②按照结构分类：开关按结构可分为微动开关、船型开关、钮子开关、拨动开关、按钮开关、按键开关、薄膜开关和点开关等。

③按照接触类型分类：开关按接触类型可分为 a 型触点开关、b 型触点开关和 c 型触点开关三种。接触类型是指操作（按下）开关后，触点闭合，这种操作状况和触点状态的关系。施工人员安装时需要根据用途选择合适接触类型的开关。

④按照开关数分类：开关按开关数可分为单控开关、双控开关、多控开关、调光开关、调速开关、门铃开关、感应开关、接触开关、智能开关、插卡取电开关和浴霸专用开关。

（2）插座种类

插座的用途很多，种类也很多，有民用插座，工业用插座，防水插座，普通插座，电源插座，电脑插座，电话插座，视频、音频插座，移动插座，USB 插座等。

下面介绍几种常用的插座类型：

①电源插座：具有与插头的插销插合的插套，并且装有用于连接软电缆的端子的电器附件。

②固定式插座：与固定布线连接的插座。

③移动式插座：连接到软电缆上或与软电缆构成整体、与电源连接时易于从一地移到另一地的插座。

④多位插座：两个或多个插座的组合体。

⑤器具插座：装在电器中或固定到电器上的插座。

⑥可拆线插头或可拆线移动式插座：结构上能更换软电缆的电器附件。

⑦不可拆线插头或不可拆线移动式插座：由电器附件制造厂进行连接和组装后，在结构上与软电缆形成一个整体的电器附件。

（3）选购开关、插座的方法

①开关、插座的选择首先要考虑其外壳材质，外壳质量的好坏很大程度决定开关、插座质量的好坏。市场上好的开关产品一般选用 PC 料，PC 料又叫防弹胶，其抗冲击、耐高温、不易变色的特性对于控制电器的开关来说至关重要。除了 PC 料外，开关、插座的外壳材质还有电玉粉和 ABS 塑料。

开关、插座的触点材料主要有银镍合金、银镉合金和纯银三种。银镍合金是目前比较理想的触点材料，其导电性能和硬度都比较好，也不容易氧化生锈。

②开关、插座的选择除了要考虑材质外还要关注产品的表面是否光滑、有没有毛刺，一般质量较好的产品，其制作也比较精细，若产品的外观做工粗糙且没有质感，是肯定不能选购的。

③一般质量较好的电器或者有关电的设备都会有 3C 证明，我们在选购开关、插座的时候，一定要仔细询问商家是否可以提供该证书。如果可以提供，表明开关、插座的质量过关，如果没有则不能购买。

④选择开关、插座时我们还可以用手摸一下其表面，如果摸起来比较顺滑，则说明其质量较好。

⑤开关、插座的挑选，还可以通过重量对比来判断其质量的好坏。一般质量比较好的产品手感较重，其载流件常使用锡磷青铜，抗疲劳强度高，耐腐蚀性、抗氧化性出色，长期使用也不会出现表面氧化、变色的情况，如图 3-19 所示。

图 3-19　锡磷青铜载流件

⑥现在的开关主要是大翘板式的，外观和手感都比以前拇指式的要好。大翘板开关很大程度地减少了手与面板缝隙之间的接触，可预防因手部潮湿而造成的意外触电事故。

4. 其他电路改造材料与配件（表 3-9）

除电线、线管、开关与插座外，电路改造需要的材料与配件还有家用配电箱、连接配件、绝缘胶布、PVC 胶黏剂、网络交换机、水晶头、网络配线架、路由器等。

装饰材料与施工工艺

表 3-9　其他电路改造材料与配件

名　称	图　示	用　途	名　称	图　示	用　途
家用配电箱（固定面板式）		家用配电箱种类中的固定面板式开关柜，也被称为开关板或配电屏，防护等级较低，适合家用和小型办公用	网络交换机		交换机（Switch）意为"开关"，是一种用于电（光）信号转发的网络设备。它可以为接入交换机的任意两个网络节点提供独享的电信号通路。最常见的交换机是以太网交换机，此外还有电话语音交换机、光纤交换机等
连接配件		连接配件接头使用较多的有锁扣、锁母、接头、直通、弯头、管卡、三通、线盒等	水晶头		水晶头（Registered jack RJ）是一种标准化的电信网络接口，提供声音和数据传输
绝缘胶布		绝缘胶布是一种电工类耗材，又称电工胶布，用于包扎裸露的线头或金属，使之达到绝缘的效果，以避免意外触电或短路	网络配线架		配线架是管理子系统中最重要的组件，是实现垂直干线和水平布线两个子系统交叉连接的枢纽，配线架通常安装在机柜或墙上
PVC胶黏剂		PVC胶黏剂具有操作简单、黏结强度高、密封性能好、耐寒热、耐介质性强等优点，主要用于建筑电气导线管及农业灌溉、工业排污等工程使用的PVC管材管件的黏结	路由器		路由器（Router）是连接两个或多个网络的硬件设备，在网络间起网关的作用，是读取每一个数据包中的地址然后决定如何传送的专用智能性网络设备

任务实施

1. 学生回顾并总结强弱电的基本原理。

2. 每名同学收集室内装饰中常用的电路施工工具和材料的相关资料，用 Word 文档进行整理与汇总。

任务评价

评价内容	评价标准	权重 %	得分
基础知识	掌握室内强弱电施工常用工具	20	
	掌握室内强弱电施工常用材料	30	
应用能力	在实际项目中灵活运用所学知识	50	

任务小结

通过本次任务的学习，同学们已经初步了解了强弱电施工工程中需要使用的施工材料及其选购方法，对室内电路施工有了基本的认识。在室内装饰工程中，强弱电施工材料的选择是必不可少的重要环节，同学们课后还要进行实地考察，进一步熟悉强弱电施工材料的使用方法。

能力测试

一、简答题

1. 什么是弱电？

2. 什么是强电？

3. 强电和弱电的区别是什么？

学生结合图 3-20 所示的插座施工图纸，用 Word 文档表格的方式对室内装饰工程中常用的电路施工工具和材料进行整理与汇总。

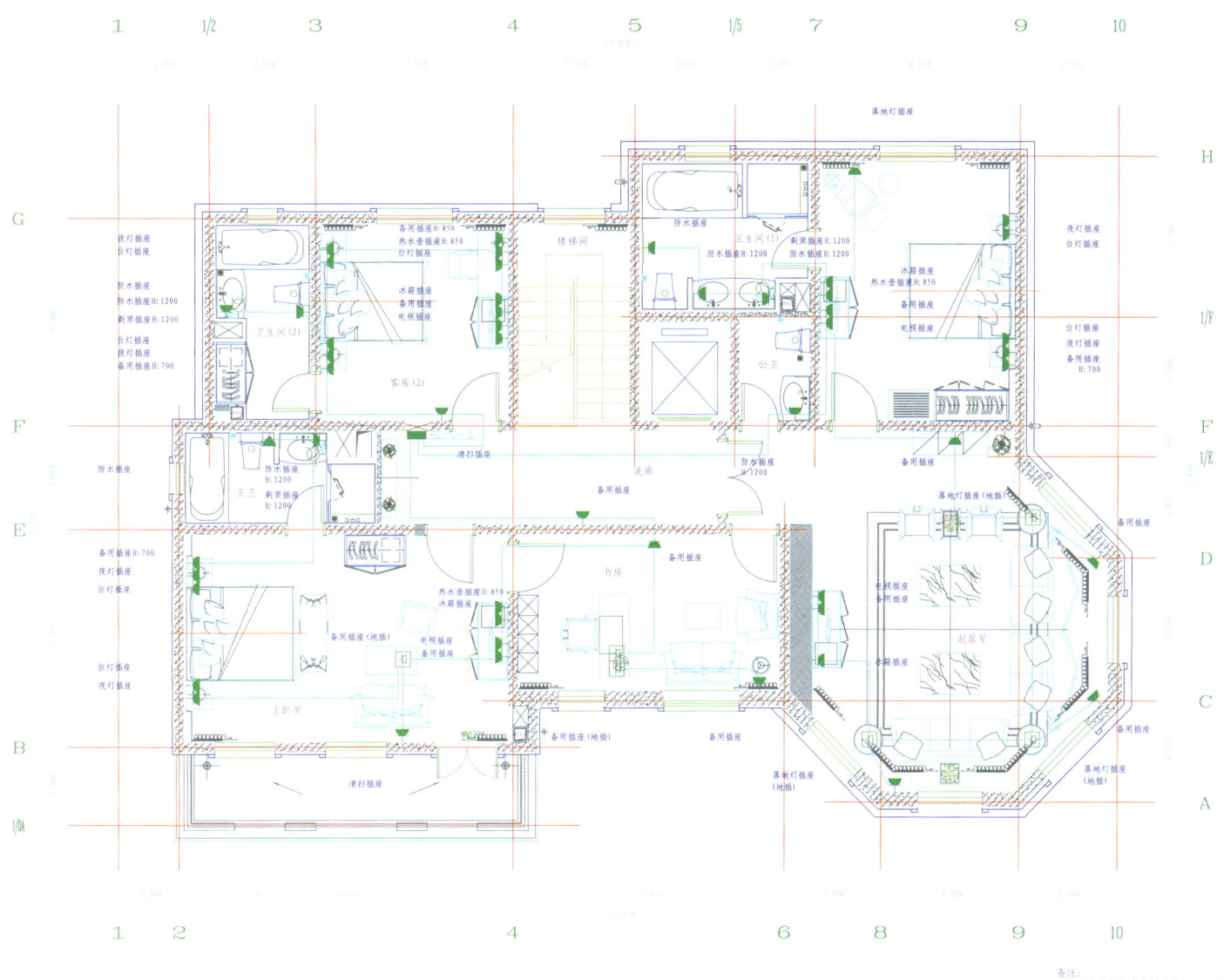

图 3-20 插座施工图纸

任务三

室内强弱电施工工艺

任务描述

当今社会高层建筑越来越多，强弱电的设计与施工也就越来越重要，因为一旦出现问题，不但会造成财产损失，甚至会对生命安全造成威胁。因此，建筑室内强弱电的设计与施工必须要做好，要结合各个空间的特点，严格遵照设计规范进行布置，为人们创造一个安全舒适的生活环境。本次任务主要是学习室内强弱电安装的施工流程与工艺做法，掌握电路改造的基本方法，掌握室内强弱电安装施工的工艺与构造，能够按照室内强弱电安装施工工艺和流程进行室内强弱电施工。

知识链接

一、电路改造施工

电路改造施工的主要程序如下：

根据设计图纸确定定位点→施工现场成品保护→根据线路走向弹线→根据弹线走向开槽→开线盒→清理土渣→电管、线盒固定→穿钢丝拉线→连接各种强弱电线线头（不可裸露在外）→对强弱电进行验收测试→封闭电槽。

二、电路改造测量画线

1. 准备工具、材料

在敷设电路之前施工人员需依据电路布置图进行现场画线定位，常用的工具有卷尺、激光水平仪、墨斗画线器、水平尺等。

2. 技术交底

在进行电路管线开槽施工前，设计师需要把绘制好的电路布线图纸带到施工现场，与业主、项目经理监理及电路施工员进行技术交底。技术交底主要包括以下几个方面：

（1）介绍工程施工方案，侧重于质量、进度、安全、工期等方面内容。

（2）根据图纸讲解重点工序的施工难点、要点，具体工艺流程，工程涉及的材料使用、设备安装、机具使用等相关要求，并根据强弱电电路图归纳电气功能的分组分类。

（3）安全施工有关常识，防护装置的使用与配备等。

（4）填写技术交底文件并签名确认。

任务实施

一、定位

1. 测量定位

施工人员根据电路布线图纸和技术交底文件要求，利用卷尺进行精细测量，用木工铅笔或有色粉笔在墙面上确定管线走向、标高及开关、插座、灯具、空调等的位置，并做好标示，如图 3-21 所示。其具体要求如下：

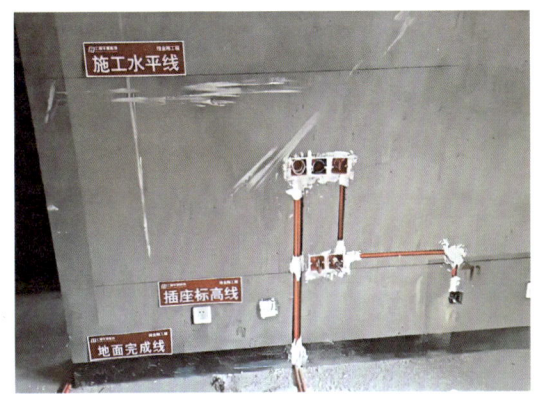

图 3-21 现场定位标示

（1）明确用电设备与开关、插座的数量、尺寸及安装位置，避免影响施工进度及后期电器使用。

（2）进行适当的文字标注，注意避开电路开槽位置。

（3）明确开关、插座类型，确定开关是单双控还是多控，插座是单相还是三相。

（4）明确电路布管引线的走向与分布。

2. 画线

施工人员根据图纸的设计要求，利用卷尺先确定标高，即 0 点坐标；然后用激光水

平仪沿同一高度投射光影定位，如图 3-22 所示；接下来再用墨斗画线器弹线，绘制出开槽线，如图 3-23 所示，开槽线必须遵循"横平竖直"的原则。另外，施工人员还要确保地基与墙基开槽位置贯通。地面基层开槽线的绘制不能用木工铅笔或彩色粉笔，因为地面人员走动频繁，灰尘较多，开槽线容易被摩擦掉，影响后期施工。

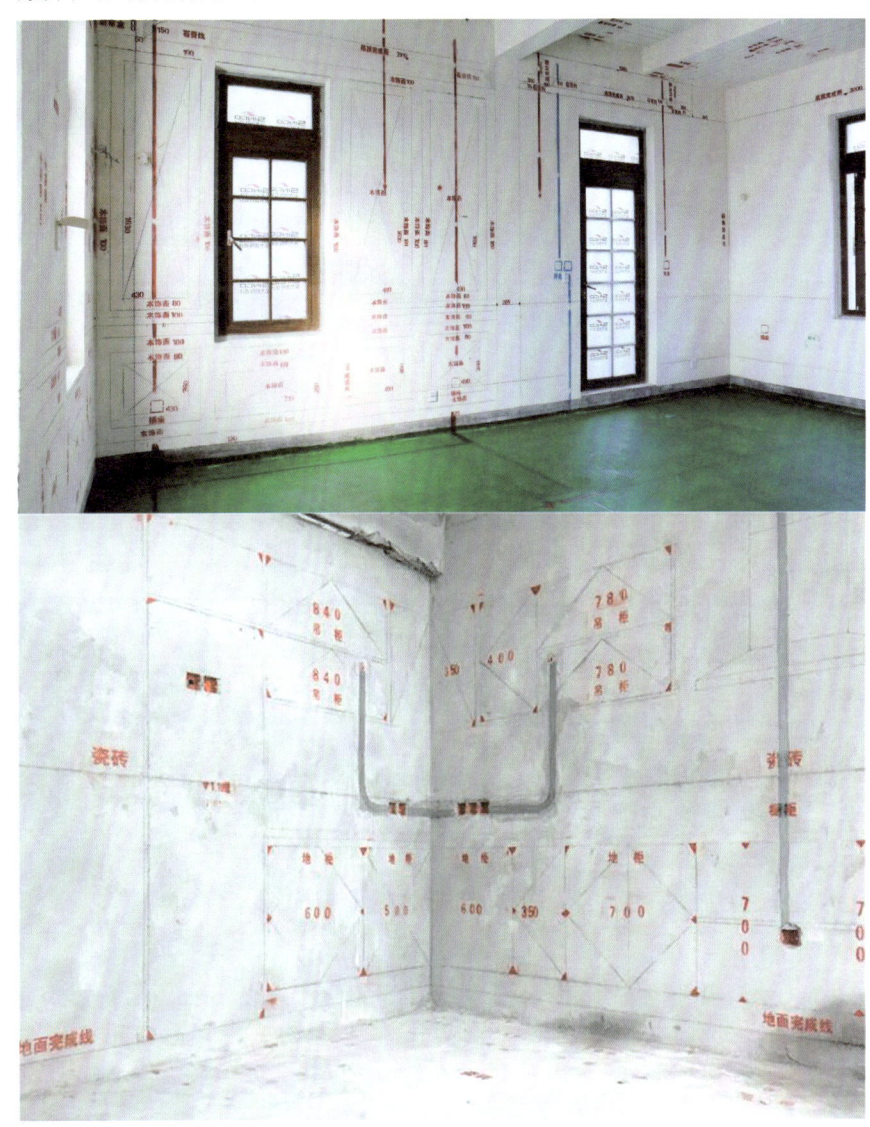

图 3-22 测量定位

图 3-23 墨斗弹线

图 3-24 线槽切割

弹线的目的是确定电路的走向和终端插座、开关面板的位置，因此需要在地面和墙面标示出明确的尺寸和位置。

二、管线开槽

1.准备工具、材料

室内装饰中管线开槽施工常用的工具有开槽机、云石切割机、电锤、冲击电钻等。

管线开槽施工

2.开槽施工

室内设计中若有中央空调，可由专业公司先行安装，但要预留出足够长的电线并在安装后做好防尘保护措施。线路开槽遵循的原则是先墙面开槽，再地面开槽。开槽施工的主要流程如下：

（1）施工人员开槽前须戴好防尘面罩。

（2）施工人员核对图纸与现场标记，确定一致后按规范要求进行电线开槽施工。

（3）施工人员根据现场画线的走向及位置使用电动切割机沿墙面基层标记处进行切割，如图3-24所示。

（4）施工人员用电锤凿出管槽和底盒的位置，把开好的线槽两边打毛，便于封槽咬合，如图3-25和图3-26所示。

图 3-25 电锤开槽

图 3-26 线槽两边打毛

在开槽施工时应注意以下几个要点：

①施工人员使用云石切割机或开槽机切割时，必须保证横平竖直，顺序

是从上到下、从左到右。

②切割时若灰尘过大施工人员可在切割位置加少量水，但要控制好水量，边浇水边开槽，这样可以有效地降噪除尘并防止墙面破裂。

③开槽深度一般在 PVC 管线或者镀锌钢管的直径的基础上再加 10 mm，底盒深度在 10 mm 以上。

④地面开槽主要针对有垫层的房子，如图 3-27 所示，没有垫层的楼板，不适合进行开槽。

图 3-27　地面开槽

⑤横向开槽不超过 50 cm，如图 3-28 所示，否则开槽的隔断主筋会破坏楼梯结构，严重影响结构安全，降低楼梯抗震等级。

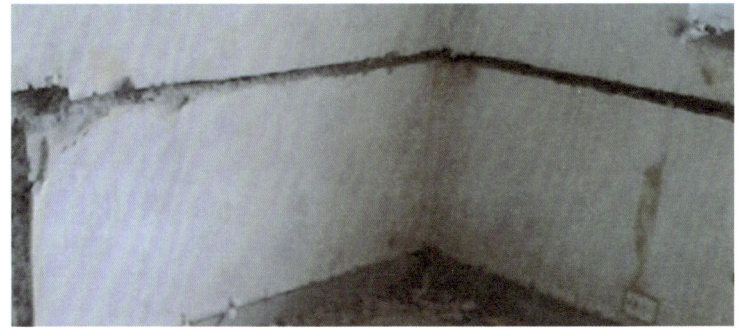

图 3-28　超长横向开槽

布设管线

三、管线布设

1. 准备工具、材料

（1）常用工具

室内装饰中电管线布设施工常用的工具有螺丝刀、电工钳、电锤、管钳、玻璃胶、冲击电钻、云石切割机、电笔、PPR 热熔焊机等。

（2）常用材料

室内装饰中电管线的布设施工常用的材料有 PVC 管、镀锌穿线管、电线、连接配件、绝缘胶布、PVC 胶黏剂等。

2. 固定插座底盒

（1）如有原有底盒施工人员应挖掉后再进行批补，防止墙体周边开裂，如图 3-29 所示。

（2）布设管线前预埋底盒时需要进行洒水处理，如图 3-30 所示，目的是清理掉杂物，同时增加水泥砂浆与墙体的黏结力，固定底盒的同时防止以后槽内水泥砂浆脱落和开裂。

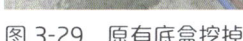
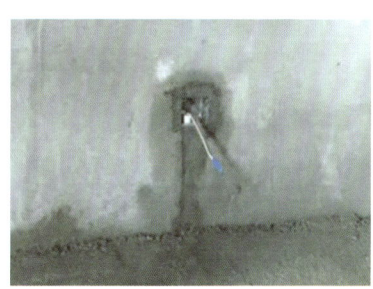

图 3-29　原有底盒挖掉　　图 3-30　洒水处理

（3）底盒固定时需使用水平尺校正，确保底盒水平端正。多个底盒水平安装时要求高低一致，高度在 0.8 ~1 cm 之间。此外，底盒安装时还应注意两个螺丝孔务必在左右两侧，否则无法安装开关和查询线路，如图 3-31 所示。

图 3-31　固定底盒

（4）开关、插座的安装位置，如图 3-32 所示。其中，空调、冰箱、热水器应设置专线插座，不宜与其他电器混用，因为过流相对较大。常用开关，插座的安装高度如下：

图 3-32　开关、插座安装位置

①一般住宅开关应距离地面 1.2~1.4 m。

②安装插座距离地面 0.2~0.3 m。

③室内吊灯灯具开关的安装高度一般应大于 2.5 m，如果受条件限制可降至 2.2 m。

④户外照明灯具开关的安装高度一般不低于 3 m，户外墙上灯具开关的安装高度一般不低于 2.5 m。

⑤挂机空调插座的安装高度为 1.8~2.0 m。

⑥厨房插座的安装高度不低于 1.5 m，

卫生间插座的安装高度不低于 1.8 m。

⑦其他开关的安装高度，应根据具体身高和使用舒适度进行调整。

3. 配管布线

（1）布管

地面敷设线管前，施工人员需测量好线管的长度与位置，暗盒和线槽应独立计算，所有线槽按开槽起点到线槽终点测量，如果放两根以上的线管，其线槽宽度应按两倍以上计算。此外，施工人员还需要对管材进行相应处理，做好布管前的准备工作。

套接紧定钢导管内穿导线施工

布管过程中需要注意以下几点：

①底盒与线管需要使用锁紧螺母和护口连接固定，如图 3-33 所示。

图 3-33　使用锁紧螺母和护口连接固定底盒与线管

②布管线路要遵循"横平竖直"原则，以减少材料损耗，同时还应使用彩色线管进行区分，以便更加清晰明了、美观实用，如图 3-34 示。

图 3-34　"横平竖直"布线

③布管线路要直，管与管之间应预留 2 cm 的间隙，防止贴砖空鼓。直管每隔 70~80 cm 应用管卡（管码）固定，并列排整齐，如图 3-35 所示。

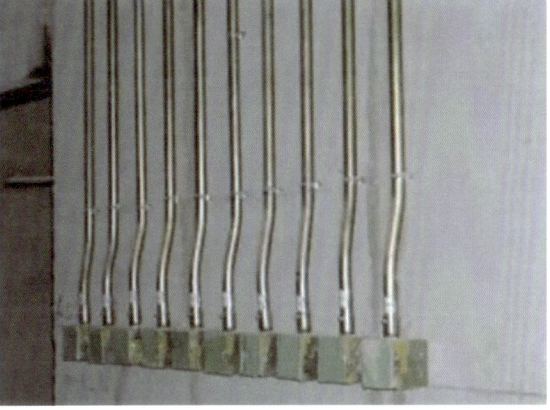

图 3-35　管线敷设

④当线管长度不够时，施工人员应采用套管连接，并在两根管的端头涂上专业 PVC 胶，以保证管路连接牢固。

⑤当线管需要拐弯时，施工人员可以进行手动弯管或使用弯管器弯管，需要特别注意的是弯曲半径不宜小于管外径的 6 倍，而当两个接线盒间只有一个弯曲时，弯曲半径不宜小于管外径的 4 倍，如图 3-36 所示。

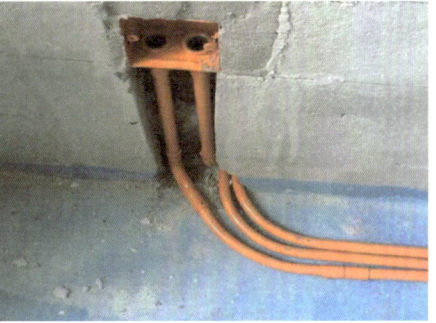

图 3-36　弯管半径

⑥阳台、卫生间等比较潮湿的地面禁止敷设强电管。

⑦天花线路转角处不宜使用三通转角，应把线管弯曲并用管码固定，管码间距应不超过 80 cm，如图 3-37 所示。

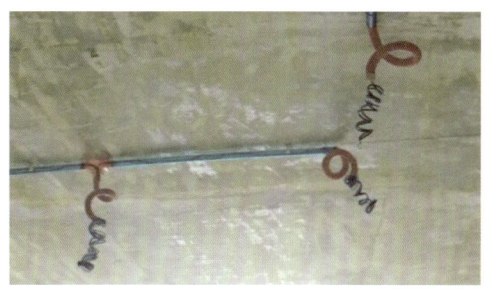

图 3-37　天花管线

⑧天花布线应先套黄腊管并用胶布缠紧，然后每间隔 15 cm 用铜丝固定，确保管线不外露。需要注意的是天花布线应严禁使用铁钉或螺纹钉直接固定管线，以防止短路，如图 3-38 所示。

图 3-38　天花布线

⑨布线过程中若出现强电与弱电交叉，施工人员需将强电置于上面，弱电置于下面，为避免强电对弱电信号造成干扰，交叉部分需用铝锡纸包裹处理，如图 3-39 所示。

（2）穿线

室内装饰工程中电路施工应先布管后穿线。穿线时需注意以下几个方面：

①所有电路线都要穿在 PVC 管或钢管内，避免长期使用导致线路老化、漏电，还可以保护线槽不被破坏。

②根据国家规范要求，管内电线的总截面面积要小于管道截面面积的 40%，避免线路打结和影响散热，如图 3-40 所示。

③根据规范使用对应颜色的电线。相线使用红色，控制线使用黄色、绿色，零线使用黑色、蓝色，地线使用黄绿双色，如图 3-41 所示。在整个户型中，尽量使用相同颜色的电线。

④底盒之间需互通线路时必须套管，强弱电路不共管，不共底盒，如图 3-42 所示。

⑤天花穿线时天花灯位出线口应用管顺弯，并套波纹管，接口用绝缘胶布缠实，所有灯位必须加地线，如图 3-43 所示。厨房、卫生间的天花原底盒需要分线时，应加套一个去掉底板的底盒，再进行分线，如图 3-44 所示。

⑥外露的电线头需要包裹绝缘胶布进行绝缘处理，需要与原线路接头时，应先进行锡焊，再用胶带缠绕，然后套黄腊管，弯折，最后用绝缘胶布缠绕紧密，如图 3-45 所示。

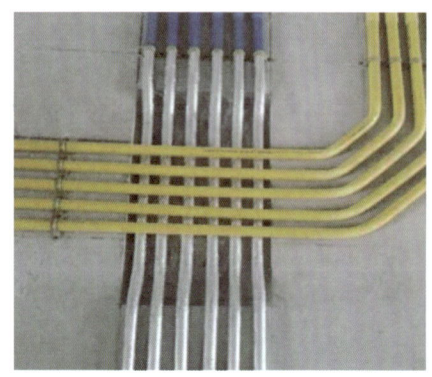

图 3-39　强弱电交叉处理

图 3-40　穿线

图 3-41　电线颜色区分

图 3-42　强弱电路不共底盒

图 3-43　天花灯位出线口

图 3-44　天花底盒分线

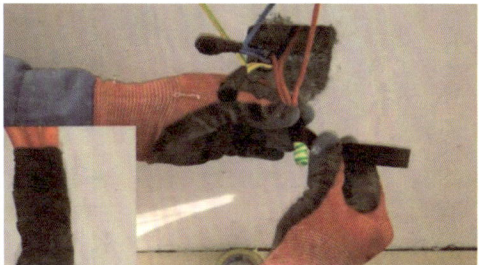

图 3-45　缠绕绝缘胶布

⑦在完成所有电线穿管后，室内电线都将连接到强电箱处，再根据不同的需求，分别接通至强电箱中的开关线路、照明线路、插座线路等。电箱内的线头应缠绕整齐，并用三厘夹板做好保护，如图 3-46 所示。

图 3-46　强电箱与电线接通

四、验收封槽

1. 准备工具、材料

室内装饰中的电管线布设施工常用的工具有螺丝刀、电工钳、电锤、管钳、玻璃胶、冲击电钻、云石切割机、电笔、PPR 热熔焊机等。

2. 检查验收

在完成电路布线后，施工人员需进行全面检测，确保所有线路正常后才能进行封槽。

在验收过程中，检验人员需根据国家规定的验收标准《住宅装饰装修工程施工规范》（GB 50327—2001）进行验收。

（1）验收电路材料

验收人员需检查电路材料与原定的线材、管道等材料的规格是否一致，所有电线、电话线、电视线、网络线必须达到国家检测标准，杜绝不合格产品。

（2）验收电路外观

验收人员需检查线路安装位置、走向、开关、暗盒定位等是否符合设计要求，并确保所有插座位置正确。

（3）验收电路施工

①检查强弱电是否分开

家庭常用的是交流电，一些施工队为了施工方便，直接将所有电线收纳在一起，电源线、网线、电话线等都放在同一个底盒中，这样做线路之间会互相干扰，导致信号不稳定，还可能埋下火灾隐患。因此，强弱电必须分开走线，严禁强弱电共用一管或一个底盒，而且强电线路平行间距不能低于 30 cm，最好是 50 cm，且交叉时必须成直角。

②检查电线是否加套管

有些不负责任的施工方在施工时将电线直接埋到墙内，而没有用绝缘管套好，这样电线接头直接裸露在外存在严重的安全隐患，是典型的偷工减料现象。电线的敷设规范明确规定电线外必须有绝缘套管保护，接头不能裸露在外。

③检查插座导线是否按规定安装

很多家庭为了美观，会采用开槽埋线、

暗管敷设的方式。采用该方式布线时一定要遵循"火线进开关，零线进灯头"的原则，还应在插座上设漏电保护装置。

3. 封槽

验收人员检测合格后，施工人员即可进行封槽。封槽前施工人员需要将槽边充分打毛，进行洒水处理，以便将浮灰冲洗干净，充分润湿线槽，如图3-47所示。封槽前底盒应用专用保护盖保护，避免施工污染电线。封补时应保证盒底周边清洁干净，并将盒底之间的空隙填实。

图 3-48　封槽

图 3-47　线槽洒水

封槽时施工人员应按原有比例对水泥砂浆进行调配，填补要做到光滑、平整，不能有空鼓开裂，不能高出原墙面，略低于原墙面为宜。此外，管面砂浆层厚度要在1 cm以上，管不许外露，如图3-48所示。

任务评价

评价内容	评价标准	权重 %	得分
基础知识	掌握室内强弱电施工测量画线、管线开槽	20	
	掌握室内强弱电施工布置管线、验收与封槽	30	
应用能力	在实际项目中灵活运用所学知识	50	

任务小结

通过本次任务的学习，同学们已经初步了解了室内强弱电电路安装的基本流程和施工工艺，对室内强弱电施工有了全面的认识。在室内装饰工程中，强弱电施工是必不可少的重要环节，强弱电电路的布管流程基本相同。同学们课后还要通过学习和社会实践，进一步熟悉室内强弱电的施工流程和工艺。

能力测试

一、简答题

1. 电路施工中为什么不建议使用切割机开槽?

2. 电路施工的流程是什么?

3. 阳台卫生间地面为什么不能布线? 如遇特殊情况, 应如何处理?

4. 在规范施工的前提下, 电路施工如何节省开支?

5. 强弱电为什么不能共用底盒?

拓展训练

1. 每名同学收集和整理室内强弱电安装施工工艺的相关资料并制作成 20 页 PPT 文档。

2. 学生在教师的带领下到室内装饰工程的施工现场学习室内强弱电安装施工流程和工艺, 并撰写 800 字的体验报告。

项目四
室内木工工程装饰材料与施工工艺

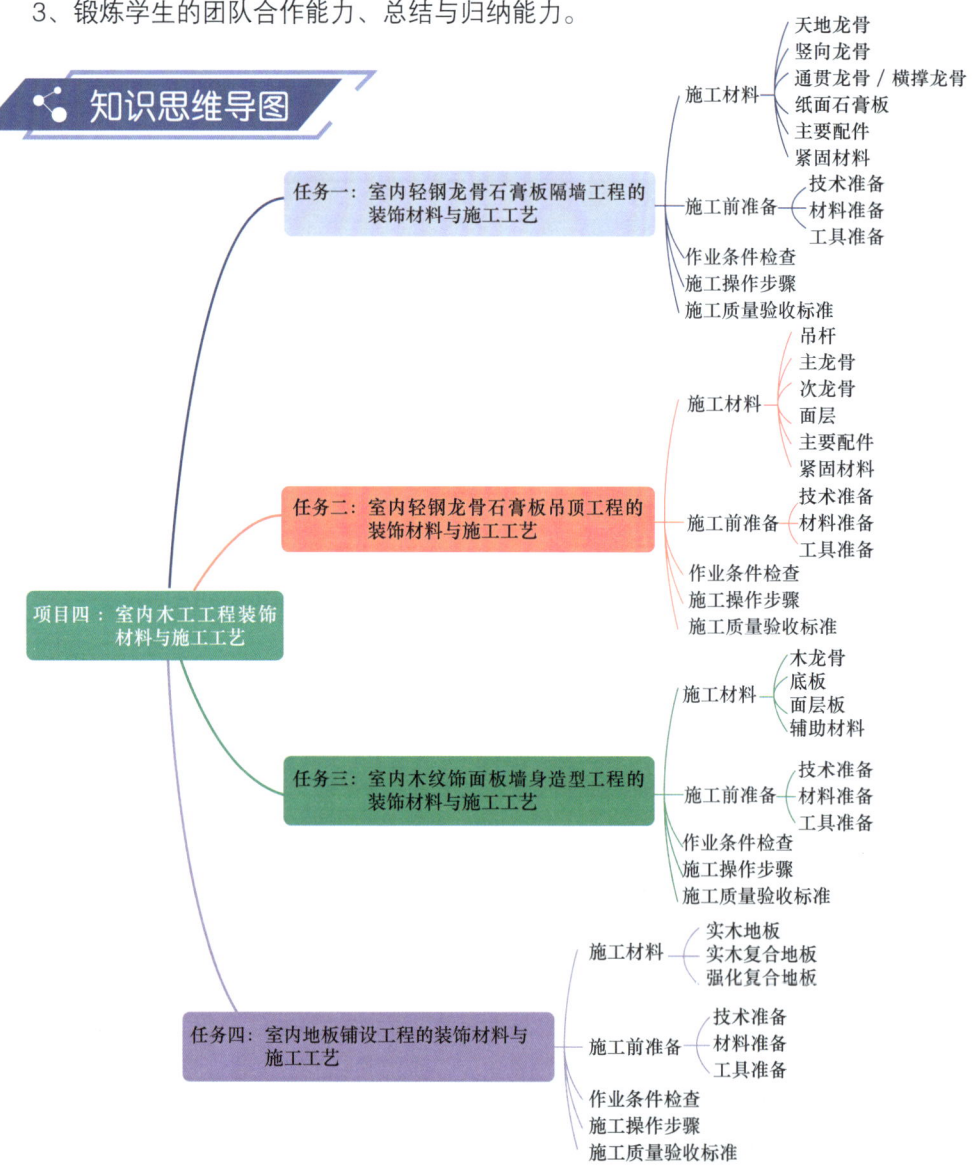

学习目标

1、了解室内木工工程施工所需的装饰材料及施工工艺，掌握室内木工工程施工的准备工作、施工步骤、工艺要求以及应该注意的施工质量问题、成品保护问题、质量验收标准等相关知识。

2、能够厘清室内木工工程施工的准备工作、施工步骤和工艺要求；锻炼学生的资料收集能力、实践操作能力。

3、锻炼学生的团队合作能力、总结与归纳能力。

知识思维导图

项目四：室内木工工程装饰材料与施工工艺

任务一：室内轻钢龙骨石膏板隔墙工程的装饰材料与施工工艺
- 施工材料
  - 天地龙骨
  - 竖向龙骨
  - 通贯龙骨 / 横撑龙骨
  - 纸面石膏板
  - 主要配件
  - 紧固材料
- 施工前准备
  - 技术准备
  - 材料准备
  - 工具准备
- 作业条件检查
- 施工操作步骤
- 施工质量验收标准

任务二：室内轻钢龙骨石膏板吊顶工程的装饰材料与施工工艺
- 施工材料
  - 吊杆
  - 主龙骨
  - 次龙骨
  - 面层
  - 主要配件
  - 紧固材料
- 施工前准备
  - 技术准备
  - 材料准备
  - 工具准备
- 作业条件检查
- 施工操作步骤
- 施工质量验收标准

任务三：室内木纹饰面板墙身造型工程的装饰材料与施工工艺
- 施工材料
  - 木龙骨
  - 底板
  - 面层板
  - 辅助材料
- 施工前准备
  - 技术准备
  - 材料准备
  - 工具准备
- 作业条件检查
- 施工操作步骤
- 施工质量验收标准

任务四：室内地板铺设工程的装饰材料与施工工艺
- 施工材料
  - 实木地板
  - 实木复合地板
  - 强化复合地板
- 施工前准备
  - 技术准备
  - 材料准备
  - 工具准备
- 作业条件检查
- 施工操作步骤
- 施工质量验收标准

任务一

室内轻钢龙骨石膏板隔墙工程的装饰材料与施工工艺

任务描述

  轻钢龙骨石膏板隔墙工程是室内装修中木工工程的主要内容之一。轻钢龙骨石膏板以轻钢龙骨为骨架、以石膏板为面板制作而成，重量轻、占用空间小、易拆装。石膏板隔墙和传统砖墙相比装修方便，而且造型多样，装饰效果更好。石膏板隔墙的面层可兼容多种面层装饰材料，满足绝大部分界面的装饰要求，适用于住宅、办公室、酒店、商场等多种场所的装修。本次学习的主要任务是掌握轻钢龙骨石膏板隔墙工程的施工步骤、施工方法，了解施工所用到的主要材料，如图 4-1 所示。

图 4-1　轻钢龙骨石膏板隔墙案例

轻钢龙骨石膏板
隔墙施工工艺

知识链接

施工材料

1. 天地龙骨：天地龙骨是指在隔墙内部与屋顶连接处和与地面连接处铺设的龙骨。天地龙骨的主要型号有 Q50、Q75、Q100，截面造型均为 U 形，其中 Q75 的截面尺寸为 75 mm×35 mm×0.6 mm，如图 4-2 所示。

2. 竖向龙骨：竖向龙骨连接天地龙骨，起支撑作用，其截面造型为 C 形。QC75 的截面尺寸为 75 mm×45 mm×0.6 mm，如图 4-3 所示。

3. 通贯龙骨、横撑龙骨：通贯龙骨从竖向龙骨中间穿插进去，起加固作用。38 型通贯龙骨为 U 形（国标 1.2 mm）。U 形横撑龙骨或 C 形竖向龙骨可作横向布置，利用卡托、支撑卡（竖向龙骨开口面）及角托（竖向龙骨背面）与竖向龙骨连接固定，如图 4-4 所示。

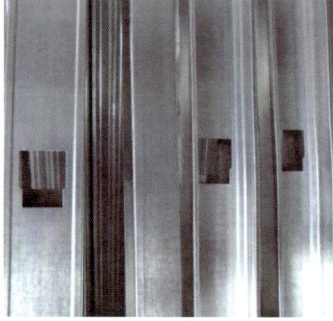

图 4-2　天地龙骨材料　　　　图 4-3　竖向龙骨材料　　　　图 4-4　通贯龙骨、横撑龙骨材料

4. 纸面石膏板：纸面石膏板有普通纸面石膏板、耐水纸面石膏板、耐火纸面石膏板三种类型。长度有 1 800 mm、2 100 mm、2 400 mm、2 700 mm、3 000 mm、3 300 mm、3 600 mm 几种，宽度有 900 mm、1 200 mm 两种，厚度有 9.5 mm、12.0 mm、15.0 mm、18.0 mm、21.0 mm、25.0 mm 几种，如图 4-5 所示。

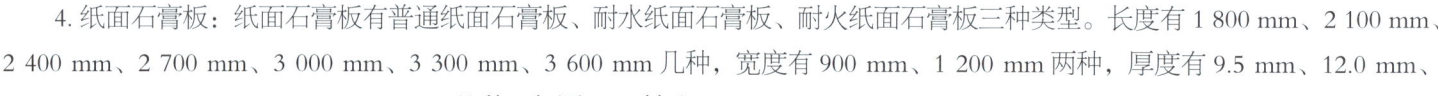

图 4-5　纸面石膏板材料

5. 主要配件：轻钢龙骨石膏板隔墙工程的主要配件有支撑卡、卡托、角托、连接件、固定件、附墙龙骨、压条等，如图 4-6 所示。

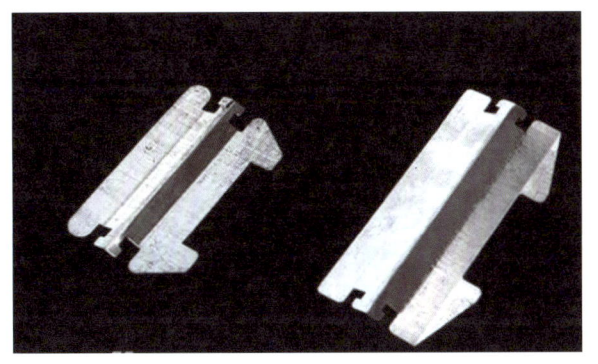

图 4-6 龙骨配件材料

6. 紧固材料：紧固材料主要有射钉、拉铆钉、膨胀螺栓、镀锌自攻螺丝、木螺丝和黏结嵌缝料等，如图 4-7 所示。

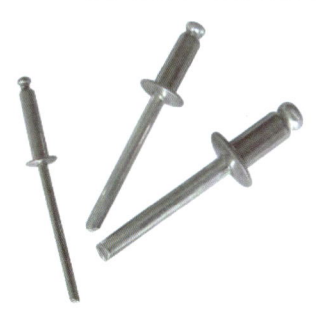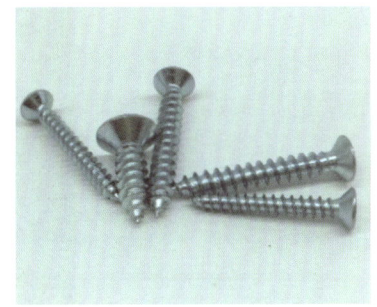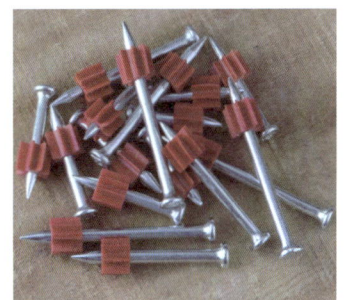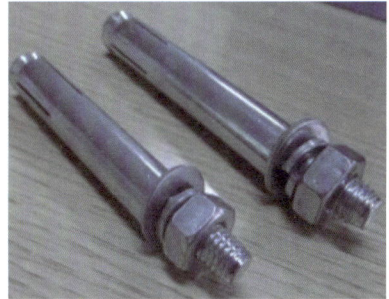

图 4-7 紧固材料

任务实施

一、施工前的准备

1. 技术准备：施工前的技术准备包括图纸会审、查看现场并确认图纸与现场是否相符、对施工班组进行技术交底三个主要方面。

2. 材料准备：施工前的材料准备主要是检查采购的轻钢龙骨主件（天地龙骨、通贯龙骨、竖/横向龙骨、横撑龙骨）是否符合设计要求，是否具有质量合格证书，龙骨主体的外观应表面平整、棱角挺直，过渡角及切边不得有裂口和毛刺，表面不得有严重的污染、腐蚀和机械损伤。石膏板面层材料应有产品合格证书，应符合国家相关规范，规格应符合设计图纸要求。紧固材料应符合设计和国家质量要求。

3. 工具准备：施工前应准备的工具有红外线水平仪、板锯、电动剪、电动自攻钻、电动无齿锯、手电钻、射钉枪、刮刀、线坠、靠尺等，如图 4-8 所示。

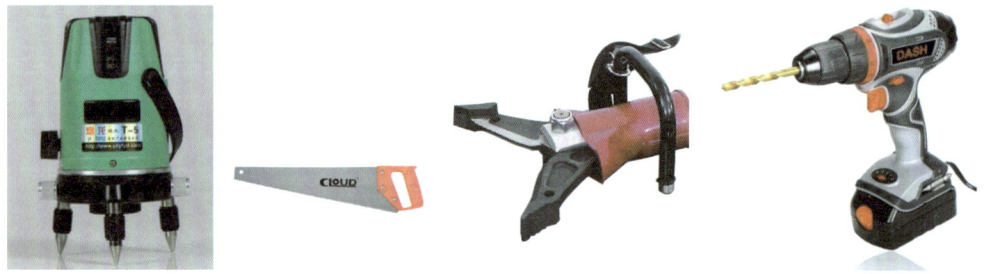

图 4-8　工具材料

二、作业条件检查

1. 室内轻钢龙骨石膏板隔墙工程的施工作业环境温度不应低于 5 ℃。

2. 施工人员应根据设计图纸和备料计划，检查隔墙工程的全部材料是否配备齐全。

3. 施工人员应在室内弹出 50 cm 标高线，检查主体结构墙体是否平整，若墙柱为砖砌体，应在隔墙交接处按 1 000 mm 间距预埋防腐木砖。

三、施工操作步骤

1. 室内轻钢龙骨石膏板隔墙工程的施工操作流程：弹线→安装顶龙骨和地龙骨→固定边框龙骨→安装竖龙骨→安装门框、窗框→安装横向卡挡龙骨→安装附墙电气敷管设备→安装纸面石膏板→填充隔音、保温、防火等材料→安装另一侧纸面石膏板→接缝及护角处理→质量检验。

2. 施工工艺：

（1）弹线：施工人员应首先根据施工图在已经处理好的地面上利用红外线水平仪定位，然后使用墨斗弹出隔墙顶面、地面定位线以及门窗洞口边框线。

（2）安装天地龙骨：施工人员应沿弹线位置固定天地龙骨，固定可用膨胀螺栓，固定点间距应不大于 600 mm，龙骨对接应保持平直。

（3）固定边框龙骨：施工人员应沿弹线位置固定边框龙骨，龙骨的边线应与弹线重合。龙骨的端部应固定，固定间距应不大于 1 000 mm，固定应牢固。边框龙骨与基体之间应按设计要求安装密封条。

（4）安装竖龙骨：施工人员应按设计要求安装竖龙骨，还应预留出门框、窗框的位置。竖龙骨上下两端应插入天地龙骨，调整垂直位置并定位准确后，用抽心铆钉固定。靠墙、柱边的龙骨应用射钉或木螺丝与墙、柱固定，钉距为 1 000 mm，如图 4-9 所示。

图 4-9　竖龙骨安装

（5）安装门窗洞口龙骨：门洞口处增加竖龙骨以增加整体牢固度，门框横梁与竖龙骨应连接牢固，如图 4-10 所示。

（6）安装横向通贯龙骨：施工人员应按照要求在隔断低于 3 m 时安装一道横向通贯龙骨，隔断为 3~5 m 时安装两道横向通贯龙骨，5 m 以上的隔断应安装三道横向通贯龙骨，安装时应采用抽心铆钉或螺栓固定。隔墙骨架高度超过 3 m 或罩面板的水平方向板端（接缝）未落在沿顶沿地龙骨上时，应设横撑龙骨，如图 4-11 所示。

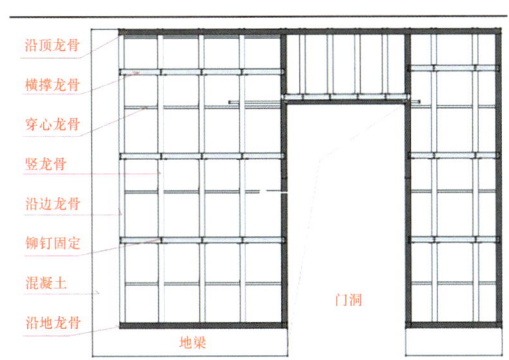

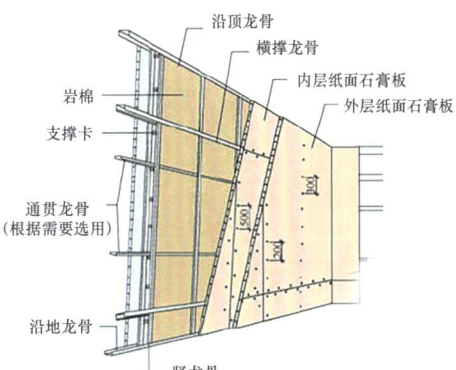

图 4-10　门、窗框安装位置　　　　　　图 4-11　横向通贯龙骨

（7）安装附墙电气敷管设备：施工人员应按照设计要求安装墙体内电管、电盒和电箱设备。

（8）安装纸面石膏板：施工人员安装前应检查龙骨安装质量，检查门洞口框是否符合设计及构造要求，检查龙骨间距是否符合石膏板宽度。石膏板宜竖向铺设，长边接缝应落在竖龙骨上，石膏板不得固定在沿顶、沿地龙骨上。石膏板一般用自攻螺钉固定，板边钉距为 200 mm，板中间钉距为 300 mm，螺钉距石膏板边缘的距离不得小于 10 mm，也不得大于 16 mm，自攻螺钉固定时，纸面石膏板必须与龙骨紧靠，如图 4-12 所示。

（9）填充隔音、保温、防火等材料：需要隔音、保温、防火的隔墙，应根据设计要求，先在龙骨一侧安装好面板，然后再进行隔音、保温、防火材料的填充，填充完成后再封闭另一侧石膏板，填充材料应铺满铺平，如图 4-13 所示。

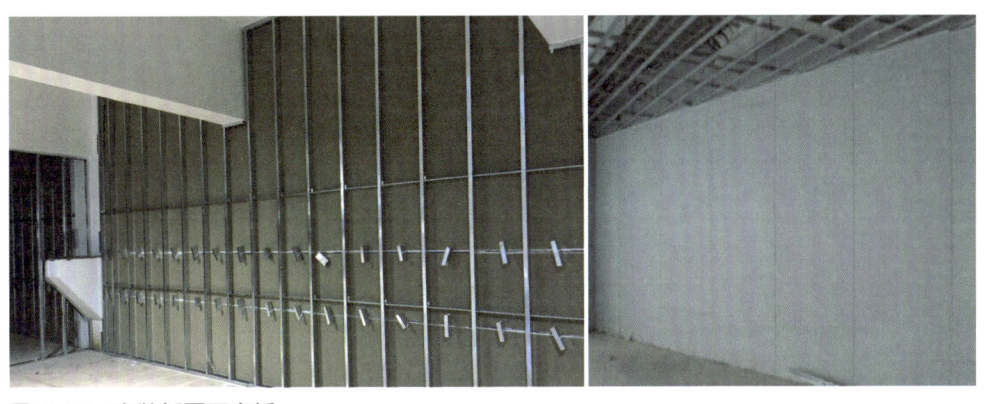

图 4-12　安装纸面石膏板　　　　　　　　　　　　　　　　图 4-13　填充隔音、保温、防火等材料

（10）安装另一侧纸面石膏板：其安装方法与第一侧纸面石膏板相同，其接缝应与第一侧面板错开。

（11）接缝及护角处理：纸面石膏板安装时，其接缝处应适当留缝（一般 3~6 mm），且必须做到坡口与坡口相接，接缝内浮土被清除干净后，施工人员需刷一道 50% 浓度的胶水溶液，然后用小刮刀把接缝腻子嵌入板缝，板缝要嵌满嵌实，与坡口刮平。待腻子干透后，施工人员还需检查嵌缝处是否有裂纹产生，如产生裂纹要分析原因，并重新嵌缝。接缝坡口处需刮约 1 mm 厚的腻子，然后粘贴玻纤带，压实刮平。腻子开始凝固但尚处于潮湿状态时，施工人员需再刮一道腻子，将玻纤带埋入腻子中，并将板缝填满刮平。护角需要进行处理，当设计要求作金属护角条时，施工人员需在设计要求的部位和高度先刮一层腻子，然后用镀锌钉固定金属护角条，并用腻子刮平，再安装门框窗框。墙面安装胶合板时，阳角的处理应采用刨光起线的木质压条，以增加装饰性，如图 4-14 所示。

图 4-14　接缝及护角处理

（12）质量检验：待板缝腻子干燥后，施工人员应检查板缝是否有裂缝产生，如发现裂纹，必须分析原因，采取有效措施加以补救，否则不能进行板面装饰施工。

四、施工质量验收标准

1. 所用龙骨、配件、墙面板、填充材料、嵌缝材料的品种、规格、性能及木材的含水率均应符合设计要求。有隔音、隔热、阻燃、防潮等特殊要求的工程材料应有相应性能等级的检测报告。

2. 边框龙骨必须与基体结构连接牢固，并应平整、垂直且位置正确。

3. 龙骨间距和构造连接方法应符合设计要求。骨架内设备管线的安装及门窗洞口等部位的加强龙骨安装应牢固且位置正确，填充材料应符合设计要求。

4. 面板应安装牢固，无脱层、翘曲、折裂及缺损。墙面板所用接缝材料和接缝方法应符合设计要求。

5. 隔墙表面应平整光滑、色泽一致、洁净、无裂缝，接缝应均匀、顺直。

6. 隔墙上的孔洞、槽、盒应位置正确、套割吻合、边缘整齐。

7. 隔墙内的填充材料应干燥，填充应密实、均匀、无下坠。

任务评价

评价内容	评价标准	权重%	得分
施工材料认知	掌握本任务施工所需的主要材料	10	
施工前的准备	掌握施工前的准备工作内容	10	
施工操作步骤	掌握施工操作步骤	20	
施工工艺	掌握每一步的施工工艺重点	40	
施工质量验收标准	掌握施工质量验收标准	20	

任务小结

通过本次任务的学习，我们了解了室内石膏板隔墙施工工程的主要材料、施工工具、施工准备工作、施工步骤和施工工艺要求。同时，我们还了解了室内石膏板隔墙施工工程应注意的施工质量问题以及质量验收标准和方法。课后同学们要收集室内墙身造型施工工艺的相关资料，在施工实训时注意操作规范，将理论与实践紧密结合起来。

能力测试

一、选择题

1.轻钢龙骨石膏板隔墙的优点是（　　）。

  A.隔音效果好　　　B.安全可靠

  C.抗冲击力强　　　D.安装方便

2.下列龙骨型号不能用于轻钢龙骨隔墙的是（　　）

  A.Q50　　　　　　B.Q75

  C.D38　　　　　　D.Q100

二、判断题

1.石膏板宜横向铺设，短边接缝应落在竖龙骨上。（　　）

2.按照要求低于 3 m 的隔断安装一道通贯龙骨，3~5 m 的隔断安装两道通贯龙骨，5 m 以上的隔断安装三道通贯龙骨，采用抽心铆钉或螺栓固定。（　　）

拓展训练

1.学生以小组为单位，通过在网上搜索视频或进行实地考察拍照的方式，收集施工材料及施工现场图片，用 AutoCAD 制图软件规范绘制节点图，为参加各类环艺设计比赛奠定坚实基础。

2.学生进一步了解市场上的新型隔墙材料，收集新型隔墙材料的性能、用途、施工方式、价格等相关信息，讨论在本任务中哪些材料可被新型隔墙材料替代，并对其优劣势进行对比。

任务二

室内轻钢龙骨石膏板吊顶工程的装饰材料与施工工艺

任务描述

　　室内顶棚造型天花施工是室内装修中木工的主要工作之一。本次任务以安装轻钢龙骨石膏板吊顶为例讲述其施工步骤和施工方法。轻钢龙骨石膏板吊顶是室内顶棚造型天花中常用且具有代表性的一种，通过本次任务的学习，同学们要学会轻钢龙骨石膏板吊顶的施工工艺和方法，掌握室内顶棚造型天花的施工技能，如图 4-15 所示。

图 4-15　轻钢龙骨石膏板天花案例

轻钢龙骨纸面石
膏板吊顶施工

知识链接

施工材料

1. 吊杆：吊杆连接楼板与主龙骨，起承重作用，一般选用 Φ6、Φ8 钢筋，端部加工螺纹，如图 4-16 所示。

2. 主龙骨：主龙骨是截面为 U 形的轻钢龙骨，通过连接件与吊杆连接，主要型号有 DU38、DU45、DU50，如图 4-17 所示。

3. 次龙骨：次龙骨是截面为 C 形的轻钢龙骨，通过连接挂件与主龙骨连接，主要型号有 DC38、DC45、DC50，如图 4-18 所示。

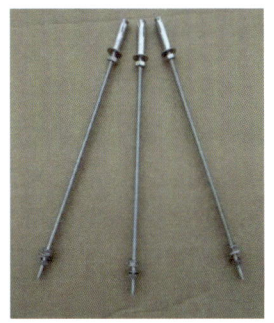
图 4-16　吊杆材料

图 4-17 主龙骨材料

图 4-18　次龙骨材料

4. 面层：轻钢龙骨吊顶面层一般用轻质板材，如纤维板、矿棉吸音板、石膏板等，多以纸面石膏板为主。

5. 主要配件：主要配件有吊挂件、连接件、插挂件，如图 4-19 所示。

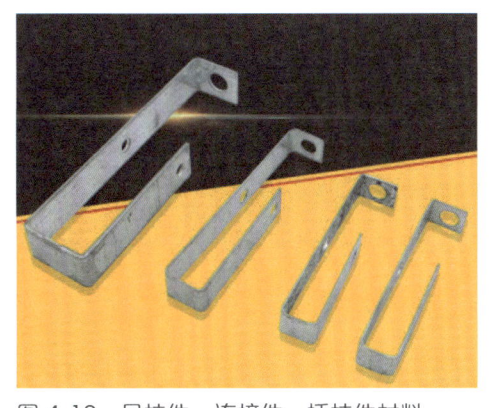

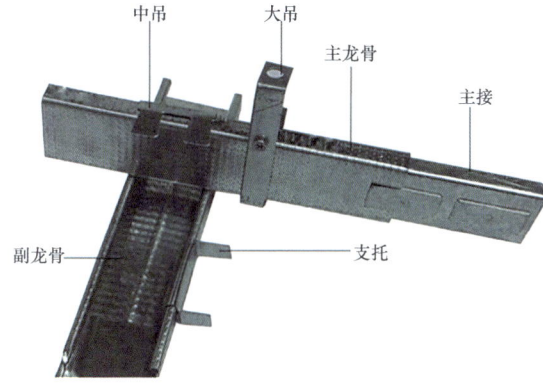

图 4-19　吊挂件、连接件、插挂件材料

6. 紧固材料：紧固材料有水泥钉、射钉、金属膨胀螺栓。

一、施工前的准备

1. 技术准备：施工前的技术准备主要是图纸会审、查看现场并确认图纸与现场是否相符、对施工班组进行技术交底。除此之外，技术准备还包括确保原有孔洞填补完整且无漏裂现象，对上道工序安装的管线进行验收，确认所预留的出口、风口高度符合设计标高。

2. 材料准备：材料准备主要是检查轻钢龙骨主件及配件的规格和质量是否满足设计要求，是否符合《建筑用轻钢龙骨》（GB/T 11981—2008)和《建筑用轻钢龙骨配件》(JC/T 558—2007)中的相关规定。石膏板面层材料要平整，无缺边钝角。

3. 工具准备：施工前应准备的工具有红外线水平仪、电锯、无齿锯、射钉枪、手锯、手电钻、钢尺、钢水平尺、铅坠等，如图4-20所示。

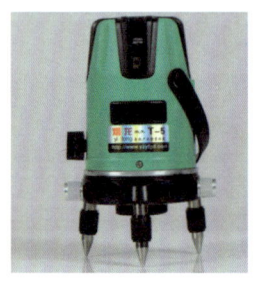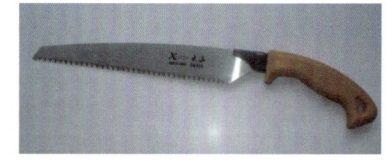

图4-20 施工工具

二、作业条件检查

1. 吊顶工程施工前检查人员应确保室内门窗齐全，隐蔽工种施工已接近尾声。

2. 施工人员需确定灯位、通风口及各种露明孔口位置。

3. 施工人员需确保顶棚罩面板安装前墙、地湿作业工程项目已结束，防止石膏板安装后受潮。

三、施工操作步骤

1. 室内轻钢龙骨石膏板吊顶工程的施工操作流程：弹线→切割及配装吊杆→安装吊杆→安装边龙骨→安装主龙骨→安装副龙骨→调平龙骨→安装纸面石膏板→灯槽开孔→嵌缝处理。

2. 施工工艺：

（1）弹线：施工人员应根据楼层标高水平线及设计标高，沿墙四周弹顶棚标高水平线，并沿顶棚的标高水平线，在墙上划好龙骨分档位置线。

（2）切割及配装吊杆：施工人员在弹好龙骨控制标高水平线后可安装吊杆。安装吊杆前，施工人员需按照确定好的高度切割吊杆，然后再进行配装。

吊杆的定位及安装

（3）安装吊杆：施工人员在弹好顶棚标高水平线及龙骨位置线后，还需确定吊杆下端头的标高，然后再安装吊杆。吊杆一般从房间吊顶中心向两边分布，不上人吊顶间距为

1 200 mm~1 500 mm，吊点分布要均匀。如遇梁和管道固定点大于计算规程要求，应增加吊杆的固定点，如图4-21所示。

然后将吊杆插入主龙骨并拧上螺母将主龙骨固定，接下来测量主龙骨是否平直，可以通过调节吊杆上的螺母进行调整，最后依次把其他的龙骨安装好，如图4-23所示。

图4-22 边龙骨安装工艺

图4-23 主龙骨安装工艺

（6）安装副龙骨及横撑龙骨：安装前，施工人员应先对副龙骨与边龙骨连接的一端进行处理，用铁剪把副龙骨两边剪开两道口，然后用铁锤把副龙骨剪开的部分敲平并折回，以便打钉将其固定在边龙骨上。副龙骨用连接件与主龙骨连接，间距为300~600 mm。副龙骨安装完成后，施工人员根据设计要求切割横撑龙骨，再用连接件将横撑龙骨与副龙骨连接在一起，如图4-24所示。

图4-24 副龙骨及横撑龙骨安装工艺

图4-21 吊杆安装工艺

（4）安装边龙骨：安装好吊杆后，下一步是安装边龙骨，施工人员应在弹好的龙骨控制标高水平线上安装边龙骨，安装时用水泥钉固定，固定间距为300 mm左右，如图4-22所示。

（5）安装主龙骨：边龙骨安装完成后，接着是安装主龙骨，施工人员应首先把主龙骨挂到安装好的吊杆上，

（7）调平龙骨：龙骨安装完成后，施工人员还需进行龙骨的调平，用仪器测量龙骨架是否平齐，如不平齐则需进行调整，直至平齐为止。

（8）安装纸面石膏板：施工人员需先将纸面石膏板用托架临时固定在龙骨架下面，石膏板四边和龙骨中心对齐，然后用自攻螺钉将石膏板与龙骨固定，钉距为150 mm左右。钉与石膏板板边间距的要求是长边10~15 mm，短边15~20 mm，因为距离过大会使钉子没有钉在龙骨中心位置，距离过小会造成石膏板边缘破裂，如图4-25所示。

图4-25 石膏板安装工艺

（9）灯槽开孔：石膏板安装完成后，施工人员需先在安装好的天花上量出筒灯开孔位置，并做好标记；然后用木条和两枚钢钉制作一个简易圆规，将两枚钢钉钉穿在木条上，其间距即为圆孔的半径；接下来以一根钢钉为轴心将其钉在圆心标志上，旋转木条一周，利用另一根钢钉的钉尖在天花上画出圆孔；再用射钉枪沿着画好的圆孔打钉，注意打钉间距应均匀紧密；最后用锤子敲开即可，如图4-26所示。

图4-26 灯槽开孔工艺

（10）嵌缝处理：整个吊顶面的纸面石膏板铺钉完成后，施工人员应进行检查，并将所有自攻螺钉的钉头做防锈处理，然后用石膏腻子嵌平。石膏板接缝处也应用石膏腻子嵌平，并用纸胶带贴封。

四、施工质量验收标准

1.所用龙骨、配件、石膏板及嵌缝材料的品种、规格、性能应符合设计要求。有隔音、隔热、阻燃、防潮等特殊要求的工程材料应有相应的性能等级检测报告。

2.边框龙骨必须与基体结构连接牢固，应平整、垂直且位置正确。

3.龙骨间距和构造连接方法应符合设计要求。骨架内设备管线的安装应位置正确。

4.面板应安装牢固、平整，无脱层、翘曲、折裂及缺损。

5.面板与面板之间应接缝平整，间隙不大于2 mm。面板所用接缝材料和接缝方法应符合设计要求。

任务评价

评价内容	评价标准	权重%	得分
施工材料认知	掌握本任务施工所需的主要材料	10	
施工前的准备	掌握施工前的准备工作内容	10	
施工操作步骤	掌握施工操作步骤	20	
施工工艺	掌握每一步的施工工艺重点	40	
施工质量验收标准	掌握施工质量验收标准	20	

任务小结

通过本次任务的学习，我们了解了室内顶棚造型天花轻钢龙骨石膏板施工的主要材料、施工工具、施工准备工作、施工步骤和施工工艺要求。同时，我们还了解了轻钢龙骨石膏板吊顶施工工程应注意的施工质量问题及质量验收标准和方法。课后同学们要收集轻钢龙骨石膏板吊顶施工工艺的相关资料，在施工实训时注意操作规范，将理论与实践紧密结合起来。

能力测试

一、选择题

1. 安装吊杆时，吊点分布要均匀。一般从房间吊顶中心向两边分布，不上人吊顶的间距为（　　）。

  A. 600~900 mm   B. 1 000~1 200 mm

  C. 1 500~2 000 mm   D. 1 200~1 500 mm

2. 副龙骨用连接件与主龙骨连接，间距为（　　）mm。副龙骨安装好后，根据设计要求切割横撑龙骨，用连接件将横撑龙骨与副龙骨连接在一起。

  A. 300~600   B. 400~500

  C. 500~600   D. 600~900

二、判断题

1. 副龙骨用连接件与吊杆连接。（　　）

2. 石膏板面板是用自攻螺钉直接固定在主龙骨和副龙骨上的。（　　）

拓展训练

1. 学生以小组为单位，通过上网搜索视频或实地考察拍照的方式，收集施工材料及施工现场图片，用 AutoCAD 制图软件规范绘制节点图，为参加各类环艺设计比赛奠定坚实基础。

2. 学生进一步了解市场上的吊顶材料，收集吊顶材料的性能、用途、施工方式、价格等相关信息，讨论在本任务中哪些材料可被替代，并对其优劣势进行对比。

桑拿板吊顶施工工艺

任务三

室内木纹饰面板墙身造型工程的装饰材料与施工工艺

任务描述

　　随着人们审美的多元化，墙面装饰不再以简单的壁纸和油漆涂料为主。尤其是装修风格比较鲜明、样式比较丰富的室内公共空间，很多情况下都需要做装饰背景墙。墙身的造型可以极大地提升室内空间的装饰效果和品质。本次任务以木纹饰面板墙身造型施工为例，学习相应的施工工艺，如图4-27所示。

图4-27　室内墙身造型施工工艺与材料案例

知识链接

施工材料

1. 木龙骨：木龙骨俗称木方，是由松木、椴木、杉木等木材通过烘干、刨光加工而成的截面为长方形或正方形的木条。木龙骨长度多为 3 m，截面的尺寸规格有 20 mm×30 mm、30 mm×40 mm、40 mm×50 mm 三种，如图 4-28 所示。

2. 底板：常用底板有细木工板、胶合板、密度板三种。

细木工板是在芯板（用小板拼接而）两面再胶粘一层或二层板的实心板材，如图 4-29 所示。

胶合板是由原木旋切成单板，再用胶粘剂将奇数层单板以各层纤维互相垂直的方向粘合热压而成的人造板材，如图 4-30 所示。

密度板是以木质纤维或其他植物纤维为主要原料，将其破碎、浸泡、研磨成木浆，然后再加入一定的胶料，经热压成型、干燥等工序制成的一种人造板材，如图 4-31 所示。

图 4-28　木龙骨　　　　图 4-29　细木工板　　　　图 4-30　胶合板　　　　图 4-31 密度板

底板的尺寸规格一般为 1 220 mm×2 440 mm，厚度多为 9 mm、12 mm、15 mm 或 18 mm。

3. 面层板：常用的面层板是木纹饰面板和铝塑板。

木纹饰面板是将具有天然纹理的木材制成各种图案的薄木再与人造基板胶贴而成的，如图 4-32 所示。

铝塑板是一种以 PVC 塑料作芯板，以铝合金薄板为正、背两面的复合板材，如图 4-33 所示。

4. 辅助材料：辅助材料主要有射钉、钢钉、胶粘剂等。

图 4-32　木纹饰面板　　　　　　　　　图 4-33　铝塑板

任务实施

一、施工前的准备

1. 技术准备：施工前的技术准备主要是图纸会审、查看现场并确认图纸与现场是否相符、对施工班组进行技术交底。

2. 材料准备：施工前的材料准备主要是确保木龙骨及底板材料表面平整，无坑洞虫眼，含水率和防腐防火处理符合要求，面层板花纹统一、无色差。

3. 工具准备：施工前应准备的工具主要有木刨、美工刀、墨斗、卷尺、锤子、棉线、铅笔、射钉枪等，如图4-34所示。

图 4-34　施工工具

二、作业条件检查

1. 墙面清理干净。

2. 墙面的电器设备穿线完成，施工材料准备齐全。

3. 房间内地面湿作业工程基本完成。

三、施工操作步骤

木饰面板施工
工艺流程

1. 室内木纹饰面板墙身造型工程的施工操作流程：弹线→钻孔→安装木龙骨架→安装底板→覆面清理→选板→弹线→贴木纹饰面板→修整→涂饰油漆。

2. 操作工艺：

（1）弹线：施工人员应根据图纸要求，在墙上弹出水平标高线、垂直线、布局线。

（2）钻孔、埋木楔：施工人员应根据墙上弹线位置钻孔，并塞木楔。

（3）安装木龙骨架：施工人员应将木龙骨安装成木龙骨格栅，然后用钉固定在墙里塞的木楔上，最后调整垂直度及平整度，如图4-35所示。

图 4-35　木龙骨架安装

（4）安装底板：施工人员应在龙骨上涂白乳胶，然后用钉将底板固定在龙骨架上，如图4-36所示。

图 4-36　底板安装

（5）覆面清理：为防止底板基层有突起的钉头、颗粒，施工人员应对不平整部位进行修平。

（6）选板：施工人员应根据纹理色泽，本着相近色相邻的原则，对木纹饰面板进行编号选择。

（7）弹线：施工人员应根据饰面板规格，按设计要求在木基层板上弹出分格线。

（8）贴木纹饰面板：施工人员在底板及饰面板的背部刷白乳胶进行粘贴。

（9）修整：施工人员应对板材四周边角进行修整，做到平直，最后涂饰油漆。

四、施工质量验收标准

1. 木龙骨及木质基层材料的含水率、防腐防火处理必须符合设计要求。木质饰面板应花纹统一，无色差。验收人员检查产品合格证书、进场验收记录、性能检测报告和复验报告。

2. 木龙骨安装完成面应平齐，底板安装完成面应平整。验收人员检查隐蔽工程验收记录。

3. 木封口线、角线、腰线与饰面板碰口缝不超过 0.2 mm，线与线夹口角缝不超过 0.3 mm，饰面板与板碰口不超过 0.2 mm，推拉门整面误差不超过 0.3 mm。

4. 验收人员检查转角是否准确，正常的转角均为 90°，特殊设计因素除外。

5. 验收人员检查拼花是否严密、准确，正确的木质拼花要做到相互之间无缝隙或保持统一的间隔距离。

6. 验收人员检查弧度与圆度是否顺畅、圆滑，除了单个造型外，若是多个同样造型还要确保造型一致。

7. 验收人员检查油漆涂饰是否均匀。

任务评价

评价内容	评价标准	权重 %	得分
施工材料认知	掌握本任务施工所需的主要材料	10	
施工前的准备	掌握施工前的准备工作内容	10	
施工操作步骤	掌握施工操作步骤	20	
施工工艺	掌握每一步的施工工艺重点	40	
施工质量验收标准	掌握施工质量验收标准	20	

任务小结

通过本次任务的学习，我们了解了室内墙身造型施工所需要的主要材料、施工工具、施工准备工作、施工步骤和施工工艺要求。课后同学们要收集室内墙身造型施工工艺相关的资料，在施工实训时注意操作规范，将理论与实践紧密结合起来。

墙身干挂面板
龙骨安装

能力测试

一、选择题

1. 木纹饰面板墙身造型施工时底板不能选择（　　　）。

　　A. 细木工板　　　　　B. 密度板　　　　　　C. 胶合板　　　　　　D. 石膏板

2. 与轻钢龙骨相比木龙骨的优点是（　　　）。

　　A. 便于施工　　　　　B. 牢固　　　　　　　C. 易于造型　　　　　D. 防潮

二、判断题

1. 木龙骨及底板都是在隐蔽部位，施工前不用进行防火防腐处理。（　　　）

2. 饰面板安装前要根据其规格，按设计要求在木基层板上弹出分格线。（　　　）

拓展训练

1. 学生以小组为单位，通过上网搜索视频或实地考察拍照的方式，收集施工材料及施工现场图片，用 AutoCAD 制图软件规范绘制节点图，为参加各类环艺设计比赛奠定坚实基础。

2. 学生进一步考察建材市场，收集新型饰面板材料的性能、用途、施工方式、价格等相关信息。

任务四

室内木地板铺设工程的装饰材料与施工工艺

任务描述

室内木地板铺设是室内装修中木工的主要工作之一。木地板的铺设方法主要有龙骨铺设法、直接粘贴铺设法、悬浮式铺设法三种。本次任务主要是以龙骨铺设法为例讲述有关木地板铺设的施工步骤和施工方法。龙骨铺设法是地板铺设中常用的施工方法，通过本案例的学习，教师对学生进行按照施工步骤完成木地板铺设的实训，使其掌握木地板铺设的施工通用知识和专业技能，如图4-36所示。

图 4-36　木地板铺设案例

施工材料

1. **木地板**：主要种类有实木地板、实木复合地板、强化复合地板。

（1）实木地板由整块实木材料加工而成，保持了木材原有的纹理和色泽。实木地板的优点是脚感舒适，可调节室内温度及湿度；缺点是消耗森林资源大，造价高，耐磨性差，容易翘曲变形。实木地板的铺设方法为龙骨铺设法，如图4-37所示。

图4-37　实木地板

（2）实木复合地板分三层实木复合地板和多层实木复合地板两种。三层实木复合地板分为表层、芯层、底层三层，以装饰性较强的珍贵木材做表层，以材质较差或质地较差的木材做芯层或底层。多层实木复合地板在表层下采用多层胶合板。实木复合地板的优点是充分利用珍贵木材和普通小规格木材，在不影响表面装饰效果的前提下降低了成本，而且板面规格大，安装方便，稳定性好，装饰效果也好，可与实木地板的外观效果相媲美。其缺点是有一定的甲醛含量，脚感不如实木地板。实木复合地板的铺设可采用龙骨铺设法或悬浮铺设法，如图4-38所示。

图4-38　实木复合地板

（3）强化复合地板以密度板为基材，表面为耐磨阻燃的装饰层，其材质是仿木纹纸。强化复合地板的优点是耐磨性好，防潮阻燃，不易变形且易打理；缺点则是甲醛含量高，装饰效果及脚感不如实木地板。强化复合地板的铺设方法为悬浮式铺设法，如图4-39所示。

图4-39　强化复合地板

2.木格栅：木格栅是将木龙骨或细木工板裁切成条状，如图4-40所示。

图4-40　木格栅

3.底板：也称毛地板，一般是胶合板或细木工板。

实木地板（木龙骨）施工工艺

任务实施

一、施工前的准备

1.技术准备：地板铺装前设计人员需针对铺贴方法进行铺装设计，施工人员则应进行相应的技术准备，如设预埋件、做防潮处理等。

2.材料准备：地板铺装前应准备的材料有木搁栅（红、白松，规格按设计要求，表面平整，干燥，含水率不超过20%）、毛地板（杉木，宽度和厚度按设计要求，干燥，含水率不超过15%）、硬木地板（水曲柳、柞木、榆木等，要求耐磨、有光泽、纹理强，干燥，含水率为10%~12%）。

3.工具准备：地板铺装前应准备的工具有红外线水平仪、电锯、手锯、锤子、电钻、卷尺等，如图4-41所示。

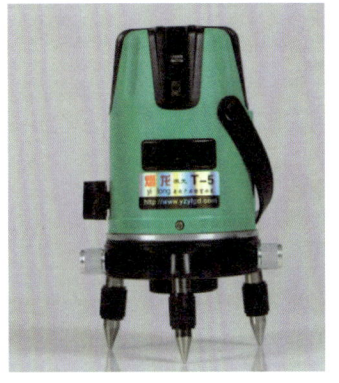

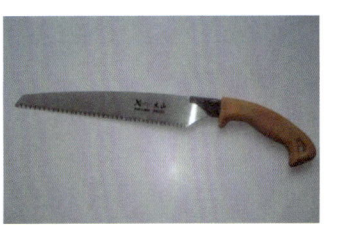

图4-41　施工工具

二、作业条件检查

1.基层必须清理干净。基层不平整应用水泥砂浆找平后再铺贴木地板，基层含水率应不大于15%，木材材质和含水率必须符合规定要求。

2.地板施工前顶棚、墙面的各种湿作业工程应该已经完工且干燥程度在80%以上。铺地板前地面基层应作好防潮、防腐处理，而且在铺设前要保持房间干燥，施工也必须在气候干燥的情况下进行。

3.水暖管道、电器设备及其他室内固定设施应安装、油漆完毕，施工人员还要进行试水、试压检查，并对电源、通讯、电视等管线进行必要的测试，确保一切正常。

三、施工操作步骤

1. 室内木地板铺设工程的施工操作流程：基层处理→安装木格栅→安装底板→安装面板→安装踢脚线。

2. 操作工艺：

（1）基层处理

施工人员应根据木龙骨的长度，合理计算出固定龙骨间距，在楼板上钻孔打木塞。电钻打孔时要求孔间距≤30 cm，孔深≤60 mm，以免击穿楼板，如图4-42所示。

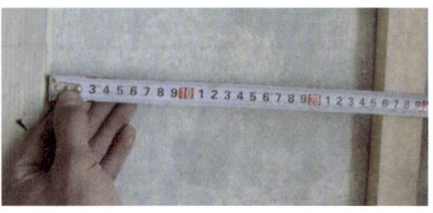
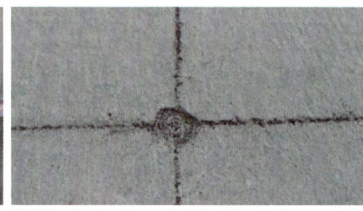

实木复合地板
施工工艺

图4-42　楼板打孔定位

（2）安装木格栅

施工人员将龙骨与楼板木塞固定。木龙骨与墙之间应该保留一定的伸缩缝，长度以8~12 mm为宜，如图4-43所示。

（3）安装底板

施工人员在安装底板前应先在墙和收口木板上标出木格栅龙骨位置，并测量木格栅尺寸，根据标记切割木板的宽度，然后在木格栅龙骨上刷适量白乳胶，再把底板铺置在上面，最后根据墙上和收口木板条上的标记，沿着直边木块打钉，将底板钉牢，务必做到坚固平整，如图4-44所示。

图4-43　木格栅安装　　图4-44　底板铺装

（4）安装面板

根据施工规范，施工人员在安装面板前，先要根据基底的尺寸铺设防潮膜，然后再铺设地板面层，铺设的方向应遵照设计要求，若无设计要求应按"顺光、顺着行走方向"的原则确定。位置确定后，施工人员可用钉枪打钉将面板固定在底层上，注意钉枪应与面板保持45°进行作业，打钉时还应反复用直边木条检查，如图4-45所示。

图4-45　木地板安装

（5）安装踢脚线

为了美观，装好的地板与墙面的接缝处应安装踢脚线。施工人员应先量出安装尺寸，然后根据尺寸在木板上做好标记后进行踢脚线切割，接下来将踢脚线的装饰盖取下，在凹槽位置打钉将踢脚线固定在墙上，并按此方法完成其余墙面踢脚线的安装，如图4-46所示。

图 4-46　踢脚线安装

四、施工质量验收标准

1. 木龙骨、底板木质基层材料的含水率、防腐防火处理必须符合设计要求。木地板表面无破损，木纹纹路清晰、有光泽、干燥。验收人员应检查产品合格证书、进场验收记录、性能检测报告和复验报告。

2. 施工人员在混凝土基层上铺设木格栅，其间距和稳固方法必须符合设计要求。

3. 木地板必须铺钉牢固无松动，黏结牢固无空鼓。

4. 木地板面层缝隙基本严密，接头位置错开。

5. 踢脚线的铺设要接缝均匀，无明显高差，表面洁净，黏结面层无溢胶。

任务评价

评价内容	评价标准	权重 %	得分
施工材料认知	掌握本任务施工所需的主要材料	10	
施工前的准备	掌握施工前的准备工作内容	10	
施工操作步骤	掌握施工操作步骤	20	
施工工艺	掌握每一步的施工工艺重点	40	
施工质量验收标准	掌握施工质量验收标准	20	

任务小结

通过本次任务的学习，我们了解了木地板的种类以及不同种类木地板的施工方式，学习了实木地板龙骨铺设施工的相关知识，如施工主要材料、施工工具、施工准备工作、施工步骤和施工工艺要求等。课后同学们要收集室内实木地板龙骨铺设施工工艺的相关资料，在施工实训时注意操作规范，将理论与实践紧密结合起来。

能力测试

一、选择题

1. 下列不属于强化复合地板优点的是（　　　）。

　A. 脚感好　　　　　　　　　　B. 耐磨

　C. 易打理　　　　　　　　　　D. 不易变形

2. 实木地板的缺点是（　　　）。

　A. 受潮易变形翘曲　　　　　　B. 甲醛含量高

　C. 装饰效果差　　　　　　　　D. 脚感差

二、判断题

1. 实木地板的规格越大越不易变形。（　　　　）

2. 将面板固定在底层上，注意钉枪应与面板保持 45° 进行作业，打钉时还应反复用直边木条检查。（　　　　）

拓展训练

1. 学生以小组为单位，通过上网搜索视频或实地考察拍照的方式，收集施工材料及施工现场图片，用 AutoCAD 制图软件规范绘制节点图，为参加各类环艺设计比赛奠定坚实基础。

2. 学生进一步考察建材市场，收集地板材料的性能、用途、施工方式、价格等相关信息。

项目五

室内泥工工程装饰材料与施工工艺

学习目标

1. 了解各类室内泥工工程施工所需的装饰材料及施工工艺，掌握各类泥工工程的施工准备工作、施工步骤和工艺要求，以及应该注意的施工质量问题和质量验收标准。

2. 能够厘清各类泥工工程的施工准备工作、施工步骤和工艺要求。锻炼学生的资料收集能力和实践操作能力。

3. 锻炼学生的团队合作能力、总结与归纳能力。

知识思维导图

项目五：室内泥工工程装饰材料与施工工艺

任务一：室内砌墙工程的装饰材料与施工工艺
- 工程材料基本知识
  - 工程所需材料：砌墙砖、砂石、水泥、钢丝网
  - 砌筑方法："三一"砌砖法、"二三八一"砌砖法、挤浆法、刮浆法、满口灰法
- 施工步骤：基层处理、找平放线、搅拌水泥砂浆、放置钢筋、砌墙、挂钢丝网、批荡、检查验收

任务二：室内墙面铺贴瓷砖工程的装饰材料与施工工艺
- 工程材料基本知识
  - 陶瓷基本知识：陶质、炻质、瓷质、釉
  - 工程所需材料：墙面砖、水泥、沙
- 施工步骤：基层处理、贴灰饼、抹底层砂浆、分格弹线、排砖、浸砖、粘贴饰面砖、勾缝、清洁

任务三：室内地面铺贴瓷砖工程的装饰材料与施工工艺
- 工程材料基本知识
  - 地砖种类：釉面砖、通体砖、抛光砖、仿古砖、微晶石、大理石瓷砖
  - 工程所需材料：墙砖、水泥、砂石
- 施工步骤：基层处理、找标高弹线、抹底层砂浆、铺贴、灌封、清理养护

任务四：室内石材干挂工程的装饰材料与施工工艺
- 工程材料基本知识
  - 天然石材种类：大理石、花岗岩
  - 工程所需材料：石材、槽钢、角钢、铝合金挂件
- 施工步骤：放线定位、打孔、安装龙骨架、挂石材、调整固定、注密封胶

任务一

室内砌墙工程的装饰材料与施工工艺

任务描述

墙体在室内空间中起承重和分隔空间的作用。砌墙指的是将砖和砂浆通过一定的砌筑方法砌筑成墙体。砌墙常用的砖有实心砖、空心砖、轻骨料混凝土砌块、混凝土空心砌块、毛料石、毛石等。

本次任务主要是学习砌墙的施工材料、施工方法及施工步骤，如图 5-1 所示。

图 5-1　砌墙案例

知识链接

一、施工材料

1. 砌墙砖：砌墙砖以黏土或工业废料为主要原料，经过高温烧制而成，在建筑中用于砌承重墙或非承重墙。砌墙的尺寸通常有 12 墙、18 墙和 24 墙，具体按照砖块的尺寸来定。常见的砌墙砖主要有红砖和轻质砖，如图 5-2 所示。

图 5-2　砌墙砖材料

2. 砂：砂是砌墙时不可或缺的一种材料，一般同水泥按比例调和使用。砂按规格可分为粗砂、中砂、细砂和特细砂，一般室内装修使用的是中砂；按性质来源可分为海砂、河砂、山砂，家装中最适合用河砂，因为河砂表面粗糙度适中，含杂质较少。买回来的砂都要过筛方可使用，如图 5-3 所示。

图 5-3　砂材料

3. 水泥：水泥需要按照一定比例配着砂子使用，目前我国生产的水泥主要有 225#、325#、425#、525# 等几种标号。生产不同标号的水泥，是为了适应制作不同标号的混凝土的需要。室内装修的水泥，一般选用 325#，因为室内装修的水泥不需要承受太大的力，所以不要求太高的标号。325# 水泥相比于高标号的水泥更软，在墙上钉钉子更容易钉进去，如图 5-4 所示。

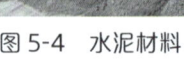

图 5-4　水泥材料

4. 钢丝网：钢丝网是墙面做抹灰前，用在框架结构砖砌体与框架柱、墙接触竖缝和顶面水平缝上，骑缝布置的一种材料。其主要作用是防止砌体墙与框架柱、墙接触处开裂，如图 5-5 所示。

图 5-5　钢丝网材料

二、砌筑方法

砌筑方法包括"三一"砌砖法、"二三八一"砌砖法、挤浆法、刮浆法和满口灰法。其中，"三一"砌砖法和挤浆法最为常用。"三一"砌砖法是一块砖、一铲灰、一挤揉并随手将挤出的砂浆刮去的砌筑方法。这种砌筑法的优点是灰缝容易饱满、黏结性好、墙面整洁，故实心砖砌体宜采用"三一"砌砖法。砖墙根据其厚度不同，可采用全顺、两平一侧、全丁、一顺一丁、梅花丁或三顺一丁的砌筑形式，如图 5-6 所示。

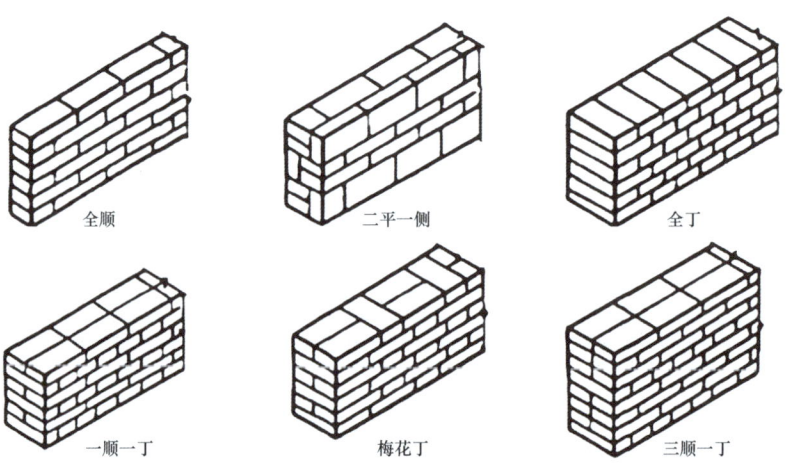

全顺　　　　　　二平一侧　　　　　　全丁

一顺一丁　　　　梅花丁　　　　　　三顺一丁

图 5-6　砌筑形式

任务实施

一、施工前的准备

1. 技术准备：施工人员与业主对图纸进行核实，确定墙体新建位置。

2. 材料准备：

（1）检查水泥、砂子、砖的质量，重点检查砖的外形、规格、品种和质量，确定其是否符合要求，外观上有碎裂、掉角的砖原则上不予使用。

（2）施工人员必须在砌筑前一天浇水润湿红砖，一般以水浸入砖边 1.5 cm 为宜，含水率为 10%~15%。

3. 工具准备：施工前需要准备的工具有瓦刀、拖线板、线锤、钢卷尺、砌墙线、批灰刀，如图 5-7 所示。

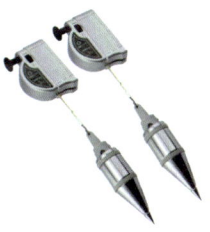

图 5-7　工具材料

二、作业条件检查

1. 室内砌墙工程施工作业的环境温度应不低于 5 ℃。

2. 检查人员根据设计图纸和备料计划，确保砌墙的全部材料齐全。

3. 红砖已浇水润湿。

三、施工操作步骤

1. 室内砌墙工程的施工操作流程：基层处理→找平、放线→搅拌水泥砂浆→放置钢筋→砌墙→挂钢丝网→批荡→检查验收。

2. 施工工艺：

（1）基层处理：施工人员将黏在基层上的浮浆、杂物等清理干净。

（2）找平、放线：为了保证建筑物平面尺寸各层标高的正确，砌筑前施工人员应认真做找平、放线工作，准确定出各层楼面的标高和墙柱的轴线位置，以作为砌筑的控制依据。

（3）搅拌水泥砂浆：施工人员把水、水泥、砂浆按比例搅拌均匀，搅拌完成的水泥砂浆必须在 6 h 内使用完毕。

（4）放置钢筋：钢筋的放置起到连接旧墙与新墙的作用，可以使新墙的结构更加稳固，施工时工人要在旧墙上开洞，然后插入钢筋，再将洞内封上水泥砂浆。

（5）砌墙：施工人员在砌砖时必须跟线走，俗话说"上跟线、下跟楞，左右相跟要对平"。

（6）挂钢丝网：施工人员将钢丝网平整地挂在砌好的墙体上，需特别注意平整度和紧凑感。

（7）批荡：施工人员用水泥砂浆对砌好的墙体进行涂抹、批荡。批荡时厚度要均匀，表面要工整、平滑。

四、施工质量验收标准

1. 验收人员应确保砖、砂、水泥等材料均符合设计要求，因此应仔细检查砖体强度是否符合要求，其尺寸是否存在较大误差，其表面是否存在凹陷、爆裂、缺损等问题，水泥标号是否符合要求，包装是否有破损。

2. 砖墙应该内外搭砌，错缝砌筑，其砖缝要横平竖直，灰缝厚度不可低于 8 mm，也不能超过 12 mm。

3. 墙体的轴线位移不可超过 10 mm，每层墙面之间的垂直度偏差不可超过 5 mm，清水墙面表面平整度偏差不可超过 5 mm。

4. 砖墙和其他墙体交接处要设置拉结钢筋，拉结钢筋的间距为 40~50 cm。砖墙要按设计要求预留出门窗洞口，如果墙面预留的洞口宽度超过 3 m，需设置钢筋混凝土边框。

任务评价

评价内容	评价标准	权重 %	得分
施工材料认知	掌握本任务施工所需的主要材料	10	
施工前的准备	掌握施工前准备工作内容	10	
施工操作步骤	掌握施工操作步骤	20	
施工工艺	掌握每一步的施工工艺重点	40	
施工质量验收标准	掌握施工质量验收标准	20	

任务小结

通过本次任务的学习，我们了解了室内砌墙施工的主要材料、施工工具、施工准备工作、施工步骤和施工工艺要求。同时，我们还进一步了解了室内砌墙施工应注意的施工质量问题以及质量验收标准和方法。课后同学们要进一步收集室内砌墙施工工艺的相关资料，在施工实训时注意操作规范，将理论与实践紧密结合起来。

能力测试

一、选择题

1. 室内装修常用的水泥规格是（　　）。

A. 325#　　　　　　　　B. 425#

C. 525#　　　　　　　　D. 625#

2. 用红砖砌墙时，不能出现的墙体厚度是（　　）。

A. 60 mm　　　　　　　B. 120 mm

C. 240 mm　　　　　　　D. 200 mm

二、判断题

1. 搅拌完成的水泥砂浆必须在 6 h 内使用完毕。（　　）

2. 砖墙应该内外搭砌，错缝砌筑，其砖缝要横平竖直，灰缝厚度不可低于 8 mm，也不能超过 12 mm。（　　）

拓展训练

1. 学生以小组为单位，通过上网搜索视频或实地考察拍照的方式，收集施工材料及施工现场图片，用 AutoCAD 制图软件规范绘制节点图，为参加各类环艺设计比赛奠定坚实基础。

2. 学生进一步考察建材市场，收集一些新的砌墙材料的性能、用途、施工方式、价格等信息。

任务二

室内墙面铺贴瓷砖工程的装饰材料与施工工艺

任务描述

　　室内墙面铺贴面砖是指用薄板状精陶制品釉面砖（也称瓷片）做内墙饰面。这种内墙饰面的特点有防水、光亮、耐磨、易清理等，且操作工艺简单、成本较低、耐久性好，普遍适用于宾馆、酒店、医院、影剧院、办公楼、化验楼、图书馆、住宅楼等建筑室内卫生间、厨房的墙面或墙裙的装修。本次任务主要是学习墙面铺贴面砖的施工材料及施工工艺，如图 5-8 所示。

图 5-8　室内墙面铺贴面砖效果

知识链接

陶瓷分类

1. 陶瓷是陶器和瓷器的总称，二者均由黏土和其他材料烧结而成。由于杂质含量不同，制成品的胚体断面密实度也不同。根据这个特点，陶瓷可以分为陶、炻、瓷三大类。陶器密度最低，瓷器密度最高，如图5-9所示。

2. 釉：釉是陶瓷生产的一种原料，是陶瓷艺术的重要组成部分，它是一种涂刷并覆盖在陶瓷坯体表面、在较低的温度下可熔融液化并能形成一种具有色彩和光泽的玻璃体薄层的物质。釉可使陶瓷制品表面变得平滑、光亮、不吸水，对提高陶瓷制品的装饰性、艺术性具有重要意义。

3. 室内墙面铺贴的面砖属于精陶质釉面砖。其特点是自重轻、表面不吸水、易打理，能满足室内墙面的功能需求，如图5-10所示。

图 5-9 陶瓷制品

图 5-10 室内墙面砖

任务实施

一、施工前准备

1. 技术准备：施工前的技术准备主要有图纸会审，查看现场并确认图纸与现场是否相符，对施工班组进行技术交底，按现场实际尺寸进行排砖等。相关部门检验合格、各方签字确认后方可大面积施工。

墙面贴砖施工工艺

2.材料准备：

（1）检验人员对进场的釉面砖数量、质量进行检查，挑选规格、质量符合要求的面砖并保存好。

（2）水泥进场时检验人员需核查其品种、规格、强度等级、出厂日期等，还要进行外观检查，并做好验收记录。

（3）砂子需颗粒坚硬、干净，无有机杂质，用前需过筛，其他应符合规范的质量标准。

3.工具准备：施工前需准备的工具有铁锹、灰桶、水桶、水平仪、云石机、抹灰刀、尼龙线、橡皮锤、白布、卷尺、垫板、托灰板等，如图5-11所示。

图5-11　工具材料

二、作业条件检查

1.墙面铺贴瓷砖有防水要求时施工人员必须在墙面的防水层、保护层施工完成并验收合格后，方可进行粘贴面砖施工。

2.室内应钉高马凳，马凳高度、长度应符合施工要求和安全操作规程。

3.预留孔洞及排水管等应处理完毕，并已安装好门窗框扇，隐蔽部位的防腐、填嵌应处理好，并用1：3的水泥砂浆将门窗框、洞口缝隙塞严实。

4.脸盆架、镜片、管卡安装等预埋件应提前安装好，且位置正确。

5.面砖已按尺寸、颜色挑选完毕，并被分类存放备用。

6.管、线、盒等安装完毕并验收合格。

三、施工操作步骤

1.室内墙面铺贴瓷砖工程的施工流程：基层处理→吊垂直、贴灰饼→抹底层砂浆→分格弹线→排砖→浸砖→粘贴饰面砖→饰面砖勾缝与擦缝→清洁。

2.施工工艺

（1）基层处理：基层处理主要是进行墙面修补，施工人员首先采用水泥细砂浆掺界面剂对墙面进行"毛化处理"，然后将突出墙面的灰浆刮净，剔凿凸出墙面的不平整部位，再将坑洼不平、缺棱掉角的部位及设备管线槽、洞、孔用水泥砂浆整修密实、平顺。

（2）吊垂直、做灰饼：这一步骤主要是为了找平面基准。

（3）抹底层砂浆：抹底层砂浆前施工人员应先将墙面浮土清扫干净，分遍浇水湿润；抹水泥砂浆时每遍厚度为5~7 mm，应分层分遍将灰饼抹平，再用大杠将抹灰面刮平，木抹子搓毛，用表面压光；最后用吊线板检查抹灰面，要求垂直平整。

（4）分格弹线：待底层灰六七成干时，施工人员即可按图纸要求、釉面砖规格及实际情况进行分格弹线。一般墙砖施工，首先要在墙面 2 m 以下弹一水平线，墙面过长时要有垂直线控制，顶部也贴面砖时，垂直线和水平线一定要准确，同时阴阳角处要做到仔细。

（5）排砖：施工人员根据设计图纸或排砖设计对墙面进行横竖向排砖，门边、窗边、镜边、阳角边宜排整砖，横排竖列均不得有小于 1/2 砖的非整砖。非整砖行应排在次要部位，如门窗上或阴角等不明显处，但要注意整个墙面的一致和对称。如遇有凸出的管线设备卡件，应用整砖套割吻合，不得用非整砖随意拼凑镶贴，如图 5-12 所示。

图 5-13　浸砖工艺

图 5-12　墙面排砖

（6）浸砖：镶贴前，施工人员应挑选出颜色、尺寸一致的面砖，将变形缺棱掉角的挑出不用，然后将面砖清扫干净，放入净水中浸泡 2 h 以上，取出待表面晾干或擦干净后方可使用，如图 5-13 所示。

（7）粘贴饰面砖：饰面砖粘贴应自下而上进行，施工人员应先在墙左右两侧粘贴两行控制砖，然后拉控制线粘贴大面。粘贴时施工人员应在砖背面抹 8 mm 厚 1∶0.1∶2.5 的水泥石灰膏砂浆结合层，刮平后再粘贴，要求砂浆饱满、随抹随贴。亏灰时施工人员需取下饰面砖重贴，并随时用靠尺检查平整度，还要保证缝隙宽度一致。每块饰面砖都要用橡皮锤敲实，铺贴完成后施工人员必须用肉眼观察墙面是否平整，线缝是否垂直，如有问题需及时调整，避免空鼓，如图 5-14 所示。

图 5-14　粘贴饰面砖工艺

（8）饰面砖的勾缝与擦缝：施工人员贴完饰面砖并自检无空鼓且垂直平整符合要求后，需用棉纱擦净面砖，待粘贴牢固后再用勾缝胶或白水泥擦缝。

（9）清洁：最后，施工人员需用布将缝的素浆擦匀，并将砖面擦净。

四、施工质量验收标准

1. 饰面砖镶贴必须牢固，且无歪斜、缺楞、掉角和裂缝等情况。每面墙不宜有两列非整砖，非整砖的宽度应不小于原砖的三分之一。

2. 接缝填嵌密实、平直，宽窄一致，颜色一致。

3. 凸出物周围板块的套割用整砖套割，并且边缘整齐、上口平顺，与凸出墙面的厚度一致。

4. 卫生间、厨房间与其他用房的交接面处应做防水处理，防水材料的性能应符合国家现行有关标准的要求。

任务评价

评价内容	评价标准	权重 %	得分
施工材料认知	掌握本任务施工所需的主要材料	10	
施工前的准备	掌握施工前的准备工作内容	10	
施工操作步骤	掌握施工操作步骤	20	
施工工艺	掌握每一步的施工工艺重点	40	
施工质量验收标准	掌握施工质量验收标准	20	

任务小结

通过本次任务的学习，我们了解了陶瓷的种类，学习了室内墙面砖铺贴施工的主要材料、施工工具、施工准备工作、施工步骤和施工工艺要求。同时，我们还了解了室内墙面砖铺贴施工应注意的施工质量问题及质量验收标准和方法。课后同学们要收集室内墙面砖铺贴施工工艺的相关资料，并在施工实训时注意操作规范，将理论与实践紧密结合起来。

能力测试

一、选择题

1. 室内墙面砖多属于（　　）。

A. 瓷质无釉面　　　B. 炻质无釉面

C. 陶质无釉面　　　D. 陶质釉面

2. 室外墙面砖多属于（　　）。

A. 瓷质无釉面　　　B. 炻质无釉面

C. 陶质无釉面　　　D. 陶质釉面

二、判断题

1. 贴砖时粘贴应自下而上进行。（　　）

2. 每面墙不宜有两列非整砖，非整砖的宽度应不小于原砖的三分之一。（　　）

　　1. 学生以小组为单位，通过上网搜索视频或实地考察拍照的方式，收集施工材料及施工现场图片，用 AutoCAD 制图软件规范绘制节点图，为参加各类环艺设计比赛奠定坚实基础。

　　2. 学生进一步考察建材市场，收集有关新型墙砖材料的性能、用途、施工方式、价格等方面的信息。

任务三

室内地面铺贴瓷砖工程的施工材料与施工工艺

任务描述

地砖是室内空间中比较常见的地面装饰材料，其质地轻，价格合理，可选择余地大，规格齐全，花式丰富。地砖适用于家居空间中厨房、卫生间、走廊、客厅等多种环境，也适用于许多公共空间环境。地砖的优点很多，不但容易清理，使用保养简单，不易藏污，而且经久耐用，一般可以使用10~20年，其防火、防水、防腐蚀性能也很好。此外，室内地面铺贴瓷砖施工进度快，效果能得到保证。本次学习任务主要是学习地面铺贴瓷砖的施工工艺及施工材料，如图5-15所示。

图 5-15　地面铺贴瓷砖案例

知识链接

一、地砖种类

地砖的种类很多，有釉面砖、通体砖（防滑砖）、抛光砖、仿古砖、微晶石、大理石瓷砖等。通体砖属于耐磨砖，又叫无釉砖，其正反面的材质和色泽一致。抛光砖是将通体砖坯体的表面进行打磨而后形成的一种光亮的砖，属通体砖的一种。微晶石在行业内被称为微晶玻璃陶瓷复合板，是将一层 3~5 mm 的微晶玻璃复合在陶瓷的表面，经二次烧结使其完全融为一体的高科技产品。大理石瓷砖采用通体技术、N 层还原套喷技术、网纹淡化技术、叠加釉层技术使其在纹理、色彩、质感、手感及视觉等方面完全达到天然大理石的逼真效果，其装饰效果甚至优于天然石材，如图 5-16 所示。

图 5-16　釉面砖、抛光砖、微晶石、大理石瓷砖

二、地砖铺贴方式

1. 横铺和竖铺是瓷砖常见的铺贴方式，瓷砖铺贴时要按照与墙边平行的方式进行，瓷砖与瓷砖之间的缝隙要对齐且均匀。

2. 工字形铺贴是一种仿照木地板的铺设方法，木纹砖一般选用这种铺法。此铺贴方法可以使人产生视觉错落感，让空间变得更加活泼、跳跃。

3. 人字形铺贴即相邻的两块长方形瓷砖按照 45°倾斜的方式进行铺贴，铺贴样式如同汉字的"人"字。人字形铺贴线条感较强，个性化更加突出。

4. 菱形铺贴常用于仿古砖铺贴，瓷砖呈 45° 斜铺。菱形铺贴适用于欧式风格的地面，铺贴时最好留3~8 mm 缝隙，如图 5-17 所示。

任务实施

一、施工前的准备

1. 技术准备：施工前的技术准备主要有图纸会审，查看现场并确认图纸与现场是否相符，对施工班组进行技术交底，按现场实际尺寸进行排砖等。相关部门检验合格，各方签认后方可大面积施工。

2. 材料准备：

（1）瓷砖要求有出厂合格证，其抗压性能及规格品种均要符合设计要求，外观颜色一致，表面平整。

（2）硅酸盐水泥标号不应低于 425 号，严禁混入不同品种、不同标号水泥。

（3）砂子过筛子，含泥量不大于 3%。

3. 工具准备：施工前应准备水桶、平铁锹、铁抹子、筛子、橡皮锤、方尺、云石机等工具，如图 5-18 所示。

图 5-17 地砖铺贴方式

图 5-18　施工工具

二、作业条件检查

1. 施工人员应根据现场的实际尺寸，结合排砖大样图，在地面弹好十字找方线。

2. 施工人员应画好室内标高线，确定室内水平控制线。

3. 为了防止空鼓和脱落，地面基层必须清理干净，泼水湿透。

4. 地砖预先用水浸湿，并码放好，铺装时表面应无明水。

贴地砖、石材
施工工艺

水泥自流平地
面施工工艺

三、施工操作步骤

1. 室内地面铺贴瓷砖工程的施工流程：基层处理→找标高、弹线→抹底层砂浆→铺贴→灌封→清理养护。

2. 施工工艺：

（1）基层处理：施工人员进行场面清扫，检查原基层是否有空鼓处，凿除基层高出部分，修补凹陷部分，必要时做找平层。此外，施工基层面应提前一天浇水湿透。

（2）找标高、弹线：施工人员首先根据墙上 50 cm 水平标高线，往下测量出面层高度，画出标高线；然后进行地面水平线的弹放、布局线的弹放；最后根据设计要求，结合施工面的特点，确定施工方向和顺序。

（3）铺贴：铺贴地砖时施工人员应首先在地面刷素水泥浆一遍，再抹 20 mm 厚 1 ：3 干硬性水泥砂浆作为黏贴基层，然后进行试铺以确定厚度是否合适。正式铺贴时施工人员应先在石材背面抹一道水泥膏，厚度为 5~8 mm，然后用专用橡皮锤四周轻轻敲打瓷砖，使瓷砖与水泥膏、水泥膏与砂浆之间黏贴牢固，最后用水平尺测量水平情况，根据通拉横竖方向线控制接缝的大小和平直，如图 5-19 所示。

图 5-19　地砖铺贴工艺

（4）灌封：铺贴完毕，施工人员需对瓷砖表面进行清洁，用钢片勾刮缝中的砂浆或水泥膏，并根据不同要求，对接缝灌填不同颜色的水泥膏。

（5）养护打蜡：施工人员在施工完毕 1 天内必须清扫、抹净地砖表面的水泥砂浆，打蜡上光，三天内禁止大量人员踩踏。

四、施工质量验收标准

1. 面层所用地砖的品种、级别、形状、规格、光洁度、颜色、图案及其他的产品质量应符合设计要求。验收人员进行观察检查、尺量检查并与样品对照。

2. 面层与基层结合（黏结）牢固，无空鼓（脱胶）。验收人员用小锤轻击和观察检查。

3. 面层表面洁净，图案清晰，色泽一致，接缝均匀，图边顺直。

4. 地漏及面层的坡度满足排水要求，不倒泛水，地砖与地漏（管道）结合严密牢固，无渗漏，验收人员观察、泼水检查。

5. 踢脚线的铺设表面洁净，接缝平整均匀，高度、出墙厚度一致，结合牢固，验收人员用小锤轻击观察和尺量检查。

6. 各种面层邻接处的镶嵌用料尺寸符合设计要求和施工规范规定，边角整齐光滑。

任务评价

评价内容	评价标准	权重 %	得分
施工材料认知	掌握本任务施工所需的主要材料	10	
施工前的准备	掌握施工前的准备工作内容	10	
施工操作步骤	掌握施工操作步骤	20	
施工工艺	掌握每一步的施工工艺重点	40	
施工质量验收标准	掌握施工质量验收标准	20	

任务小结

通过本次任务的学习，我们了解了地砖的种类及常用铺设方法，学习了室内地砖铺贴施工的主要材料、施工工具、施工准备工作、施工步骤和施工工艺要求。同时，我们还了解了室内地砖铺贴施工应注意的施工质量问题及质量验收标准和方法。

能力测试

一、选择题

1. 下列不能作为室内地砖的是（　　　）。

    A. 通体砖　　　　　B. 玻化砖　　　　　C. 陶质釉面砖　　　　　D. 大理石瓷砖

2. 通体砖的优点是（　　　）。

    A. 花纹丰富　　　　B. 防污防水　　　　C. 耐磨　　　　　　D. 表面十分光亮

二、判断题

1. 铺贴时施工人员用专用铁锤四周轻轻敲打瓷砖，使瓷砖与水泥膏、水泥膏与砂浆之间黏贴牢固。（　　　）

2. 施工完毕 1 天内施工人员必须清扫、抹净地砖表面的水泥砂浆，打蜡上光，三天内禁止大量人员踩踏。（　　　）

拓展训练

1. 学生以小组为单位，通过上网搜索视频或实地考察拍照的方法，收集施工材料及施工现场图片，用 AutoCAD 制图软件规范绘制节点图，为参加各类环艺设计比赛奠定坚实基础。

2. 学生进一步考察建材市场，收集有关新型地砖材料的性能、用途、施工方式、价格等方面的信息。

任务四

室内石材干挂工程的装饰材料与施工工艺

任务描述

石材干挂法是利用螺栓和连接件将石材饰面板干挂在建筑结构的外表面，形成石材墙面的一种新型施工工艺。采用该种工艺石材内皮与结构表面之间有一定距离的空腔，空腔处可放置保温材料，增加建筑物的保温性能。此工艺省去灌浆工序，可缩短施工周期、减轻建筑自重、提高抗震性能，能有效防止石板脱落，并且避免了因不受灌浆而产生的盐碱渗透污染，提高了装饰质量和美观效果。本次任务主要是学习干挂石材的施工材料及施工工艺，如图5-20所示。

图5-20　石材干挂案例

知识链接

石材种类

1. 大理石：大理石是地壳中原有岩石经过地壳内高温高压作用而形成的变质岩，其纹理清晰，质地光滑细腻，颜色亮丽清新。大理石属于中硬石材，其主要成分是碳酸钙，约占 50% 以上，此外还有碳酸镁、氧化钙、氧化锰和二氧化硅等。大理石一般都含有杂质，容易风化和溶蚀，导致表面很快失去光泽，因此除汉白玉、艾叶青等少数质纯、杂质少、较稳定耐久的品种外，大多数大理石只适用于室内装饰，如图 5-21 所示。

图 5-21　大理石

2. 天然花岗石：天然花岗石是火成岩，也叫酸性结晶深成岩，多为浅肉红色、浅灰色、灰白色等。花岗石为中粗粒、细粒结构，块状构造，属于硬石材。品质优良的花岗石硬度较高，耐磨，不易风化变质，耐腐蚀性强，外观色泽可保持百年以上不变，多用于墙基础、外墙饰面及高级建筑装修工程，如图 5-22 所示。

图 5-22　花岗岩

任务实施

一、施工前的准备

1.技术准备：室内大理石干挂工程施工前的技术准备主要是核对施工图并确认其设计说明清晰，确认石材样板符合要求，确认装饰工程的施工方案及石材的排版图，对施工人员进行技术与安全交底。

2.材料准备：

（1）需磨边或切割的石材应尽量在加工厂解决，避免现场反复搬运和大量切割。石材按国标验收，验收检查的项目包括石材的品种、等级、性能、花纹、颜色、光洁度和平整度，验收合格的石材不得有缺棱、掉角、暗痕和裂纹等缺陷。

（2）根据实际情况，若同一品种的石材使用面积超过 200 m² 时检验人员应进行复验。

（3）干挂连接件的质量须符合国家现行有关标准的规定。

（4）铝合金挂件的厚度不应小于 4 mm；不锈钢挂件的厚度不应小于 3 mm，如图 5-23 所示。

（5）大理石胶要具有防水和耐老化性能。

（6）石材进场时施工方要做好专用木架并将石材分类立放，后背板要靠近基层，摆放位置原则上应邻近施工位置。

图 5-23　挂件

3.工具准备：施工前应准备台钻、无齿切割机、冲击钻、靠尺、水平尺、线锤、卷尺、方尺、锯片、红外线水平仪等工具，如图 5-24 所示。

图 5-24　施工工具

二、作业条件检查

1.石材排版图编制完毕，现场按要求弹线放样结束。墙面钢基层施工完毕，验收合格。

2.墙面预留预埋件已安装完毕，验收合格。

3.设计无明确要求时预埋件标高差不大于 10 mm，位置差不大于 20 mm。

4.施工人员视现场高度需要搭设双排或满堂脚手架。

5.隐蔽项目已验收合格。

三、施工操作步骤

1.室内大理石干挂工程的施工流程:放线定位→打孔→安装龙骨架→挂石材→调整固定、注密封胶。

2.施工工艺:

(1)放线定位:施工人员首先要定出石材干挂部位的标高线,将其作为钢龙骨及石材安装的竖向标高控制线;然后根据施工图及石材分格图,分别找出各柱的轴线,再根据轴线及标高线确定出门窗洞口及窗间墙的边缘线,弹在墙上,作为安装钢龙骨及石材的横向距离控制线;最后根据石材分格图和放好的横向控制线,分别放出石材的分格线。

(2)打孔:施工人员应先测量大理石需要铺贴的位置,并绘制辅助线,然后用电钻打孔固定膨胀螺丝,接下来依照图纸标准,制作主龙骨、次龙骨并进行石材磨孔。

(3)安装龙骨架:钢龙骨的安装视墙体的结构而定。混凝土结构的梁、柱有预埋件的部位,可直接焊接连接角码,如位置不准确可采用镀锌螺栓将连接铁板固定在墙体上,再与连接角码焊接。砖砌墙体须设置穿墙螺栓固定连接铁板。龙骨架安装要根据钢龙骨排布图,在墙体上弹出主钢龙骨的垂直控制线,然后对应主钢龙骨的垂直线标出每块连接铁板的相应位置,竖龙骨间距 2 m,横龙骨间距 1 m,横竖龙骨间距应通过结构受力计算确定。接下来施工人员根据连接铁板上的孔位在墙上钻孔,砌体部分用两个穿墙螺栓将 250 mm×150 mm×8 mm 的连接铁板逐块固定在墙体上,混凝土部分用两个 M12X120 的镀锌螺栓固定,如图 5-25 所示。

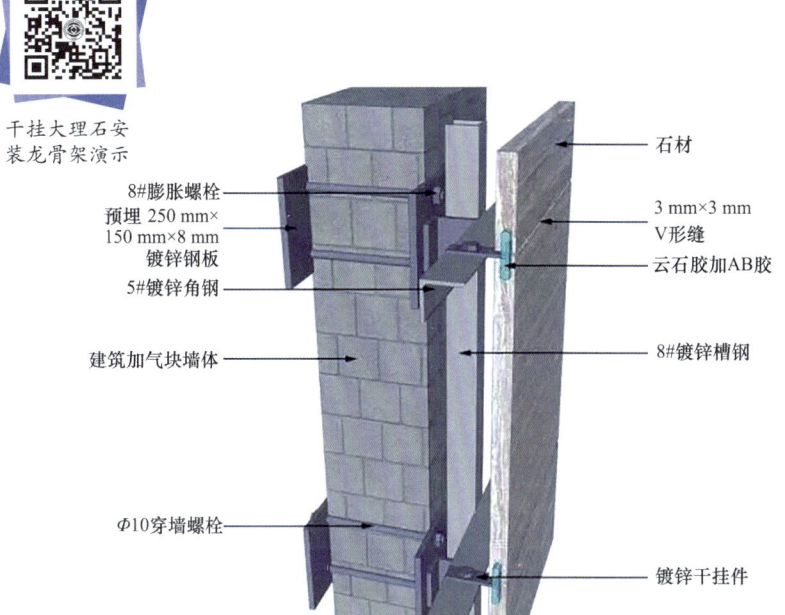

8#膨胀螺栓
预埋 250 mm×150 mm×8 mm 镀锌钢板
5#镀锌角钢
建筑加气块墙体
Φ10穿墙螺栓

石材
3 mm×3 mm V形缝
云石胶加AB胶
8#镀锌槽钢
镀锌干挂件

图 5-25 干挂石材施工工艺

(4)挂石材:施工人员将石材悬挂在龙骨架上,注意石材表面的平整度和黏结的牢固程度,如图 5-25 所示。

(5)调整固定、注密封胶。

四、施工质量验收标准

1.石材结构面层与基底应安装牢固,干挂配件、粘贴用料须符合设计要求。

2.所有焊接处应做到满焊饱满连接,焊接处涂防锈漆 2 遍、银粉漆 1 遍。

3.检验人员在膨胀螺丝固定完成后进行拉拔试验,对干挂件进行抗扭曲试验。

任务评价

评价内容	评价标准	权重%	得分
施工材料认知	掌握本任务施工所需的主要材料	10	
施工前的准备	掌握施工前的准备工作内容	10	
施工操作步骤	掌握施工操作步骤	20	
施工工艺	掌握每一步的施工工艺重点	40	
施工质量验收标准	掌握施工质量验收标准	20	

任务小结

　　通过本次任务的学习，我们了解了大理石、花岗岩的特点，学习了室内石材干挂施工工程的施工工具、施工准备工作、施工步骤和施工工艺要求。同时，我们还了解了石材干挂施工应注意的施工质量问题以及质量验收标准和方法。课后同学们要收集相关的石材干挂施工工艺资料，在施工实训时注意操作规范，将理论与实践紧密结合起来。

能力测试

　　一、选择题

　　1. 下列不属于天然大理石特点的是（　　　）。

　　　A. 纹理多样美观

　　　B. 中硬度，便于雕刻

　　　C. 抗风化、耐腐蚀

　　　D. 质地致密且结构均匀

　　2. 下列不属于天然花岗岩特点的是（　　　）。

　　　A. 中粗粒、细粒结构

　　　B. 属于中硬石材

　　　C. 耐磨，不易风化变质

　　　D. 耐腐蚀性强，外观色泽可保持百年以上

　　二、判断题

　　1. 钢龙骨的安装视墙体的结构而定，混凝土结构的梁、柱有预埋件的部位，可直接焊接连接角码。（　　　）

　　2. 安装龙骨架要根据钢龙骨排布图，在墙体上弹出主钢龙骨的垂直控制线，对应主钢龙骨的垂直线标出每块连接铁板的相应位置，竖龙骨间距必须是 2 m，横龙骨间距必须是 1 m。（　　　）

拓展训练

　　1、学生以小组为单位，通过上网搜索视频或实地考察拍照的方式，收集施工材料及施工现场图片，用 AutoCAD 制图软件规范绘制节点图，为参加各类环艺设计比赛奠定坚实基础。

项目六

室内涂料工程装饰材料与施工工艺

1. 通过本次任务的学习，学生能够理解和掌握装饰涂料的基本知识。

2. 通过本次任务的学习，学生能够厘清装饰涂料的作用、组成和分类，并能举一反三地说明装饰涂料的使用特点和适用范围。

3. 自主学习，细致观察，理论与实际操作相结合，开阔学生的视野，扩大学生的认知领域，提升专业兴趣，提高大胆运用装饰涂料的能力。

🔗 知识思维导图

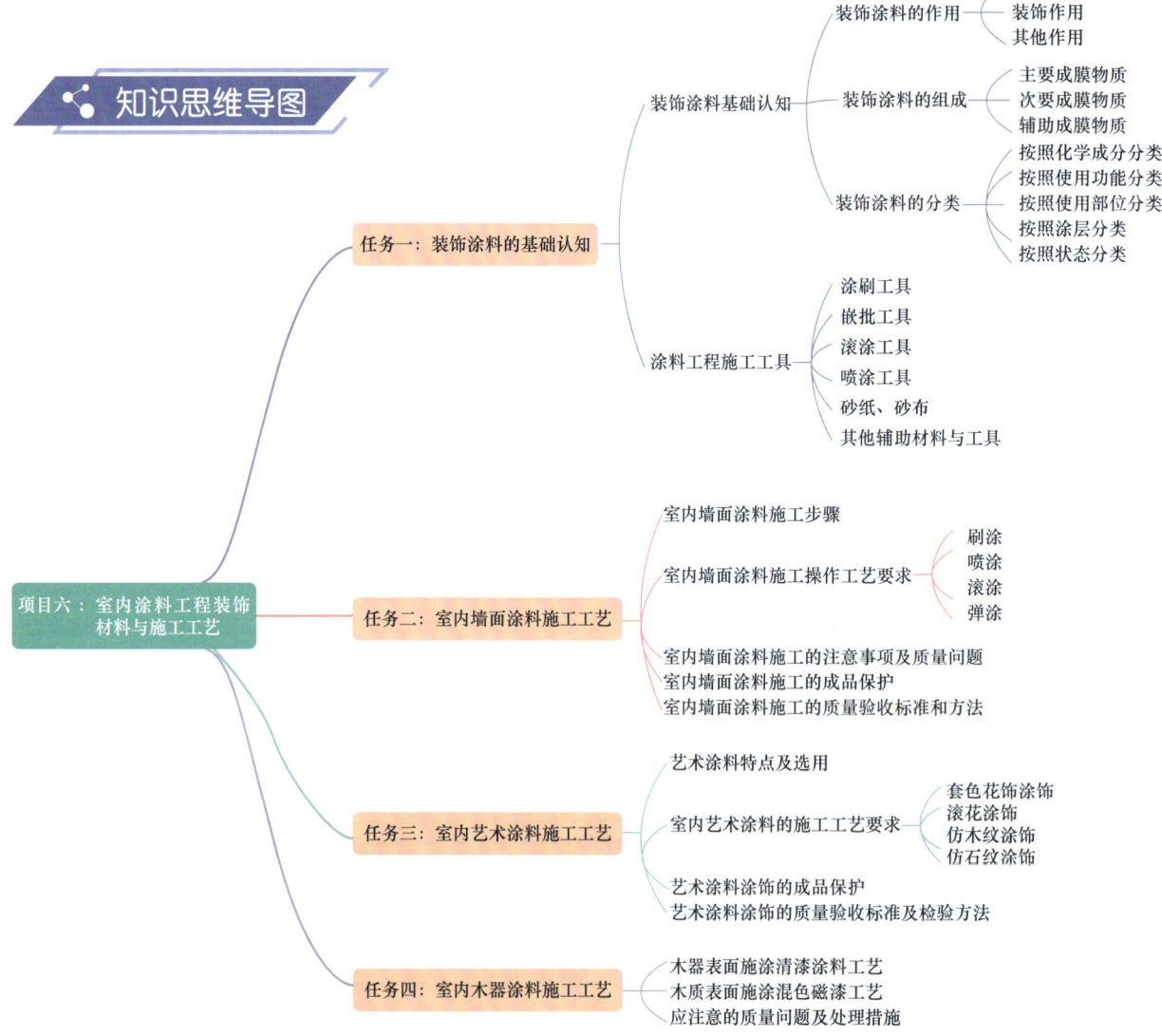

任务一

装饰涂料的基础认知

任务描述

国民经济的进一步发展以及城市化建设步伐的进一步加快使建筑行业近 10 年来发展迅猛，很大程度上给建筑涂料的研发和实践应用提供了更好的条件。建筑涂料因为具有较好的装饰性和一定的耐候性，且施工简便快捷，在建筑行业中得到了广泛的应用。目前，我国建筑装饰和保护材料正逐渐由常规的贴面砖、马赛克等向绿色环保建筑涂料为主的新装饰体系方向快速发展。当今社会居民的安全健康、绿色环保、经济节能等意识不断增强，"绿色建筑"、"环保装饰"等理念已成为建筑行业施工建设和人性化服务的核心。在此背景下，建筑涂料向追求无毒、高装饰性、高环保型、高耐久性、高抗污染性及高隔热保温性等高性能复合功能化绿色低碳装饰材料方向发展已成为必然。

涂料喷涂于材料表面后能结成坚硬的涂膜，不仅色泽美观，而且能保护构配件表面，防止其受自然界各种介质的侵蚀，延长其使用年限，如图 6-1 和图 6-2 所示。本次学习任务主要是掌握装饰涂料的基本知识，厘清装饰涂料的作用、组成和分类，并能清晰说明装饰涂料的使用特点和适用范围；掌握涂料工程施工工具的使用方法，熟悉涂料工程施工工具的特点、操作方法和适用范围。

图 6-1　涂料的室内装饰案例 1

图 6-2　涂料的室内装饰案例 2

知识链接

一、装饰涂料的基础知识

1.装饰涂料的作用

（1）保护作用

装饰涂料涂刷在材料表面可形成一层连续、致密的保护薄膜,这层保护膜可以使材料表面与紫外线、空气、微生物和水等隔离,免受或者少受自然因素的侵蚀和破坏,使材料具有耐磨、耐侵蚀、耐气候、抗污染等功能,最终起到保护材料、延长材料使用寿命的作用。

（2）装饰作用

装饰涂料的化学成分包含各种有机物质、有色物质和添加剂,在施工中主要通过涂刷、喷涂、滚花等工艺,使其附着于物体表面,形成薄膜,从而使物体具有各种色彩、纹理、图案、光泽和质感,起到装饰作用。一些透明漆在材料表面着色的同时,能使薄膜表面形成各种纹理,或使其表面呈现荧光、珠光或金属光泽。涂料富有色彩和多样性的装饰效果为设计表现提供了很大帮助,如图6-3所示。

图6-3　涂料的装饰效果

（3）其他作用

除保护和装饰作用外,装饰涂料还有吸声、隔热、防腐的作用,而且利于清洁,某些特殊的装饰涂料还能防火、防水、防霉,甚至有绝缘作用,如图6-4和图6-5所示。

图6-4　中式精品店

图6-5　茶室

2. 装饰涂料的组成

（1）主要成膜物质

装饰涂料的主要成膜物质包括基料、胶黏剂和固着剂，既可以单独成膜，也可以与涂料中其他成分黏结在一起牢固附着于材料表面形成连续、完整、均匀、坚韧的保护膜。主要成膜物质应具有坚韧性、耐磨性、耐候性和化学稳定性。目前我国装饰涂料所用的成膜物质主要是合成树脂，如图6-6和图6-7所示。

图6-6　粉末状涂料

图6-7　油性涂料

（2）次要成膜物质

装饰涂料的次要成膜物质是指涂料所用的颜料和填料。这些物质以细微粉末状均匀分散于涂料介质中，赋予涂料色彩和质感，改善涂料性能，增加涂料的覆盖力，减少收缩，提高涂膜的强度、抗老化性和耐候性。次要成膜物质不能离开主要成膜物质单独成膜。

（3）辅助成膜物质

装饰涂料的辅助成膜物质是指各种溶剂和助剂，如松香水、酒精、二甲苯、丙酮、催干剂、流平剂、固化剂、防霉剂、增塑剂等。辅助成膜物质对于提高涂料的附着力，调整涂料黏度、干燥时间、硬度，改善和增强涂料性能有很大作用。

3. 装饰涂料的分类

（1）按照主要成膜物质的化学成分分类

装饰涂料按照主要成膜物质的化学成分不同可分为有机涂料、无机涂料和复合涂料。

①有机涂料

有机涂料是以高分子化合物为主要成膜物质的涂料。有机涂料涂饰于物体表面能形成一层附着坚牢的涂膜。最常用的有机涂料有溶剂型涂料、水溶性涂料、合成树脂乳液型涂料三种。

a. 溶剂型涂料

溶剂型涂料是以有机高分子合成树脂为主要成膜物质，以有机溶剂为稀释剂，加入适量的填料、颜料和助剂，经研磨加工而成的装饰涂料。常见的油漆类涂料就属于溶剂型涂料。溶剂型装饰涂料涂饰后溶剂挥发而成膜，细腻坚硬，结构致密，有较高的光泽度，还有一定的耐水性、耐候性和耐酸碱性。溶剂型涂料多用于涂饰木制品（木作墙面、木地板等）、金属制品等，其品种繁多，施工工艺简单，但是常见的溶剂型涂料大多含苯类等致癌物质，所以在室内装饰工程中应尽量减少现场油漆施工环节和油漆涂饰面积。施工人员进行该类装饰涂料施工时要采取防护措施，如佩戴口罩或防毒面具等。施工后室内要保持通风，并经过一段时间的放置再使用。此外，溶剂型涂料具有易燃性，施工时要注意防火。目前我国正大力推行环保型溶剂型涂料。建筑物外墙装饰多采用溶剂型外墙涂料。

b. 水溶性涂料

水溶性涂料是以水溶性合成树脂为主要成膜物质，以水为稀释剂，加入适量的颜料、填料及辅助材料等，经研磨而成的一种装饰涂料。部分水溶性涂料因含有游离甲醛而被禁止使用。

c. 合成树脂乳液型涂料

合成树脂乳液型涂料又称乳胶漆，是在合成树脂中加入适量的乳化剂，使其以极细微粒分散于水中形成乳液，再以乳液为主要成膜物质并加入适量的颜料、填料和辅助材料，经研磨加工而成的装饰涂料。根据产品适用环境，乳胶漆可分为内墙乳胶漆和外墙乳胶漆两种，根据光泽度又可分为亚光、半光、中光、高光等不同类型，如图6-8所示。

图 6-8　乳胶漆

不同品牌的乳胶漆在价格和质量上存在较大差异。常见的乳胶漆包装为大口塑料桶或内衬塑料袋的铁桶，其规格有 5 L、15 L、18 L、20 L、25 L 等。乳胶漆色彩多样，每个品牌店都有色卡、色标、色表，有成品展示，甚至还可以进行现场电脑配色。品牌乳胶漆一般都有配套的面漆和底漆，底漆用量一般为面漆的 1/2（一底两面）。

内墙涂料用量面积计算：涂刷面积 = 房屋使用面积 × 3。

常用合成树脂乳液型内墙涂料的品种及适用建筑档次如下：

乙烯 – 醋酸乙烯共聚乳胶漆适用于临时或普通建筑。

醋酸乙烯 – 丙烯酸乳胶漆、苯乙烯 – 丙烯酸乳胶漆、醋酸乙烯 – 叔碳酸乙烯酯共聚乳胶漆适用于中档建筑。

纯丙烯酸乳胶漆、硅丙乳胶漆、水性聚氨酯涂料、水性氟碳涂料适用于高档建筑。

②无机涂料

无机涂料是以无机材料为主要成膜物质的涂料，是全无机矿物涂料的简称,其性能优越,广泛应用于建筑和室内装饰领域。无机涂料是由无机聚合物和经过分散活化的金属、金属氧化物纳米材料、稀土超微粉体共同组成的无机聚合物涂料,它能与钢结构表面的铁原子快速反应,其生成物具有物理、化学双重保护作用。无机涂料无污染,使用寿命长,防腐性能优越,是符合环保要求的高科技产品。

无机涂料的基料往往直接取材于自然界,来源十分丰富,但早期的无机涂料质地疏松、耐水性差、易起粉、易剥落,现已很少使用。无机高分子涂料是近年发展起来的一种新型装饰涂料。目前使用的内外墙无机高分子涂料普遍是以碱金属硅酸盐(水玻璃)和胶态二氧化硅(硅溶胶)为主要成膜材料,加入颜料、填料、助剂等经研磨而成的涂料。无机涂料具有原料丰富、价格便宜、耐老化、耐高温、耐腐蚀、耐磨等优点,如图6-9所示。

③复合涂料

有机涂料和无机涂料各有优缺点和使用局限,复合涂料则可以将两类涂料的优点结合起来,克服两者的缺点。复合涂料主要有两种复合形式,一种是有机涂料和无机涂料在品种上的复合,另一种则是两种涂料涂层的复合装饰。

品种上的复合是指把水性有机树脂与水溶性硅酸盐等配制成混合液或分散液(如水玻璃涂料和苯丙-硅溶胶涂料的混合),或者是在无机物的表面使用有机聚合物制成悬

图6-9 水泥墙面漆,家用清水漆

浮液。两种涂料涂层的复合装饰是指在墙面上先涂覆一层有机涂料的底层，然后再涂覆一层无机涂料，利用两层涂膜收缩程度的不同，使表面一层无机涂料涂层形成随机分布的裂纹纹理，从而达到装饰效果，如图6-10和图6-11所示。

（2）按照使用功能分类

装饰涂料按照使用功能可分为保温涂料、防水涂料、防火涂料、防霉涂料、防结露涂料和闪光涂料等。

（3）按照使用部位分类

装饰涂料按照使用部位可分为内墙涂料、外墙涂料、地面涂料、屋顶涂料等，如图6-12～图6-15所示。

（4）按照涂层分类

装饰涂料按照涂层可分为薄涂层涂料、平涂层涂料、原质涂层涂料、沙状涂层涂料、仿石涂料等。

（5）按照状态分类

装饰涂料按照状态可分为溶剂型涂料，水溶性涂料、乳液型涂料和粉末涂料等。

图 6-10 水溶性硅藻泥涂刷装饰效果

图 6-11 硅藻泥涂刷艺术造型

图 6-12 外墙仿大理石漆

图 6-13 外墙真石漆

图 6-14 内墙艺术涂料

图 6-15 外墙艺术涂料

二、涂料工程施工工具

1.涂刷工具

涂刷工具是使涂料均匀牢固地附着在物体表面形成薄而均匀涂层的工具。

涂刷工具按形状可分为扁形刷、圆形刷、歪柄刷，如表 6-1 及图 6-16~ 图 6-18 所示；按制作材料可分为硬毛刷（用猪鬃、马尾或人发制作而成）和软毛刷（用羊毛、狼毫等制成）。目前市场上较为常用的漆刷工具规格有 1 寸（25 mm）、2 寸（50 mm）、3 寸（75 mm）、4 寸（100 mm）、5 寸（125 mm）几种，使用最多的是 3 寸和 4 寸的油漆刷。

表 6-1　刷漆工具汇总表

形状	制作工艺	刷毛	适用范围
扁形刷	用木柄、刷毛、长方形薄铁卡箍制作	猪鬃	最常用，适用于涂刷油性漆等
圆形刷	用圆形木柄、圆形刷毛、薄铁卡箍制作	猪鬃	适用于涂刷颇为复杂的地方
歪柄刷	用歪木柄、刷毛、薄铁卡箍制作	猪鬃或羊毛	适用于涂刷不易刷涂的地方

图 6-16　扁形刷

图 6-17　圆形刷

图 6-18　歪柄刷

下面我们详细介绍几种常用的涂刷工具：

（1）油漆刷

涂刷底漆、调和漆应选用扁形刷或歪柄刷；涂刷清漆应选用刷毛较薄、弹性较好的油漆刷；鬃毛刷的弹性与强度好，常用于涂刷黏度较大的油漆。油漆板刷和扁形、圆形油漆笔刷分别如图 6-19 和图 6-20 所示。

（2）排笔刷

排笔刷是由多支单管羊毛笔拼合而成的油漆刷，常为 4~12 管，多用于刷硝基清漆、丙烯酸清漆和黏度较小的涂料，如图 6-21 所示。

（3）毛笔

毛笔主要用于精细的油漆补色或绘写油漆图案，有大楷、中楷、小楷之分，如图 6-22 所示。

（4）油画笔

油画笔笔杆较长，用白猪鬃或狼毫制作，笔锋方正，如图 6-23 所示。

（5）底纹笔

底纹笔也称板刷，用白猪鬃或狼毫制作，常用于大面积底漆涂刷，如图 6-24 所示。

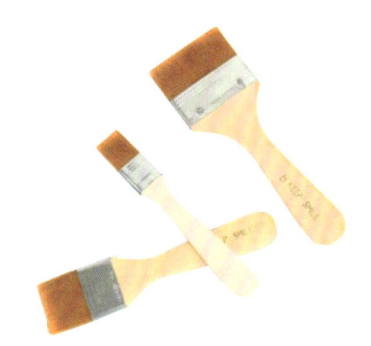

图 6-19　油漆板刷

图 6-20　扁形、圆形油漆笔刷

图 6-21　排笔刷

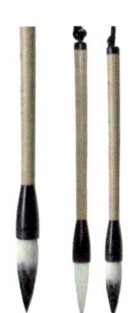

图 6-22　毛笔

图 6-23　油画笔

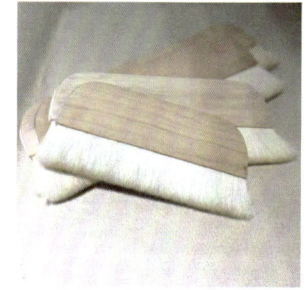

图 6-24　底纹笔

油漆刷的种类、制作工艺、适用范围和常见规格如图6-25所示。

图6-25　常见刷子规格

2. 嵌批工具

墙面嵌批指的是墙面的基层处理，主要包括嵌、补、批和刮腻子。嵌批常用的工具为油漆涂料刀，又称油灰刀，包括铲刀、钢皮刮刀、橡皮刮刀、抹灰刀等，如图6-26~图6-30所示。

图6-26　油灰刀

图6-27　铲刀

图6-28　钢皮刮刀

图6-29　橡皮刮刀

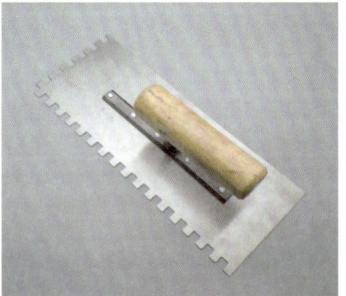

图6-30　带齿抹刀

油漆涂料刀具的保养需要注意以下两点：

（1）油漆涂料刀具使用时切勿碰钉子石头等硬物以免损伤刀刃。

（2）各类油漆涂料刀具使用后应及时擦洗抹干，防止生锈。

3.滚涂工具

常用的滚涂工具有毛绒滚筒和橡皮滚筒两种，毛绒滚筒用人造毛等易吸附材料、空心棍、弯曲圆形支架和手柄制作而成。其规格有6寸、8寸、10寸等，如图6-31和图6-32所示。

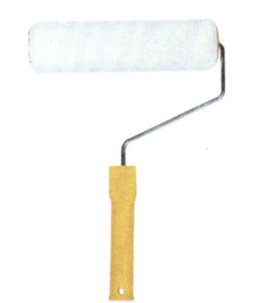

图6-31　毛绒滚筒

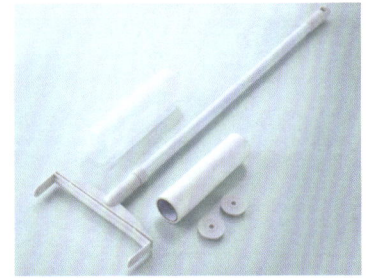

图6-32　长柄毛绒滚筒

滚涂工具用完后必须用清水清洗干净，放置于清洁、干燥、通风的地方，将滚筒水分晾干，避免残留油漆的腐蚀和发霉。

4.喷涂工具

喷涂工具主要有喷枪和空气压缩机（气泵）。施工人员可根据工作面大小，选用不同规格的空气压缩机，常用的有1P、1.5P、2P、3P等小型空气压缩机。喷枪与空气压缩机配套使用，压缩空气将涂料从喷枪中喷出，使其变成雾状颗粒涂饰于物体表面，具有快速、均匀的特点，适用于大面积涂刷施工，如围6-33~图6-35所示。

图6-33　小型空气压缩机　　图6-34　喷枪1（上壶带油水分离）　图6-35　喷枪2（下壶带气压表）

5.砂纸、砂布

砂纸、砂布是涂刷施工中磨光和除锈工序常用的工具，被涂饰的物体表面必须经过打磨后才能进行下道工序。

砂纸根据研磨物质的不同，可以分为铁砂纸（包括金刚砂纸、人造金刚砂纸、玻璃砂纸等）、干磨砂纸（又称木纸，用于磨光木、竹器表面）和耐水砂纸（用于水中或油中磨光金属表面）。砂布常用于金属表面除锈。以磨料的粒度来划分木砂纸和水砂纸，木砂纸代号数字越大磨粒越粗，水砂纸则相反，代号数字越大磨粒越细。水砂纸及弹性海绵块如图6-36~图6-38所示。

图6-36　水砂纸（240号）　　图6-37　水砂纸（2000号）　　图6-38　弹性海绵砂块

6.其他辅助材料与工具

涂料工程的辅助材料与工具还包括美纹纸、钢皮、直尺、漏斗、卷尺、画线刷、梯子等。

任务实施

施工工艺流程：基层处理→批腻子（弹线）→刷涂料。

1. 施工前先对基层进行处理，要求基层表面必须坚固，无酥皮、脱皮、起壳、粉化等现象；基层表面的油污、灰尘必须清除干净；孔洞和不必要的沟槽应提前进行修补。

2. 待基层干燥，清理干净后，即可满刮腻子，第一遍要求横面刮抹平整、均匀、光滑。待干透后用粗砂纸打磨平整，清扫干净，再满刮第二遍腻子，刮抹方向与第一遍垂直，尽量刮薄，不得漏刮，接头不得留槎。基层干燥、清洁后即可涂刷底层涂料，不得漏涂，涂层均匀，一般要干燥 4 h 以上。

3. 第一遍涂料应稍稀，用涂料滚子蘸涂料，少蘸、勤蘸，避免流挂。一般先上后下，从左到右，先远后近，先边角、棱角小面，后大面进行涂刷，厚薄均匀。干燥后（一般不少于 6 h），用细水砂纸打磨，打磨时用力要轻而匀，不得磨穿涂层，磨后将表面清扫干净；第二遍涂料应比第一遍稠，其余工序与第一遍施工相同；打磨后再涂一遍。涂刷要均匀，不宜太厚，防止漏刷，色调一致，无明显刷痕。

任务评价

评价内容	评价标准	权重 %	得分
基础知识	掌握建装饰涂料的作用及组成	20	
	掌握装饰涂料的分类	20	
	掌握装饰涂料工程的常用工具	20	
应用能力	具备在实际项目中灵活运用能力	40	

任务小结

通过本次任务的学习，同学们已经初步了解了装饰涂料的概念、用途及分类，对装饰涂料有了较全面的认识；掌握了涂料工程施工工具，对各种涂刷工具有了一定的认识。根据涂料的品种、特性和施工对象合理选用各种涂刷工具是确保涂料工程施工质量、提高工作效率、节约成本和资金、按期圆满完成任务的保证。同学们课后还要通过学习和社会实践，了解每一种涂刷施工工具的特点和操作方法，并到施工工艺实训室进行涂料工程的施工实训，熟练掌握涂料工程涂刷工具的使用方法和技巧。

能力测试

一、填空题

1.涂料的作用有＿＿＿＿＿＿作用、＿＿＿＿＿＿作用、＿＿＿＿＿＿作用。

2.材料的抗耐性能主要有＿＿＿＿、＿＿＿＿及＿＿＿＿。

二、判断题

1.乳胶漆的最高光泽度可以超过95。（　）

2.颜料的粒径越小，遮盖率越强。因此，生产高遮盖率乳胶漆的最佳原料是纳米钛白粉。（　）

3.涂料的外观颜色与使用材料的粒径有关。（　）

三、简答题

1.涂料有哪些作用?

2.装饰涂料工程的常用工具有哪些?

拓展训练

1.每名同学收集和整理装饰涂料的产品信息和常用施工工具。

2.学生以组为单位对组员收集的资料进行整理和汇总，并制作成PPT进行演讲展示。

任务二

室内墙面涂料施工工艺

任务描述

　　室内墙面装饰离不开各类装饰材料。近年来，随着我国建筑材料生产技术的创新，各种新型装饰材料层出不穷，它们与传统材料有着天壤之别，例如内墙涂料。内墙涂料在全国建筑涂料的使用总量中约占60%，是量大面广的建筑装饰材料。市场上主要的内墙涂料品种有合成树脂乳液内墙涂料（俗称乳胶漆）、水溶性内墙涂料（以聚乙烯醇和水玻璃为主要成膜物质，包括各种改良的经济型涂料）和多彩内墙涂料（包括水包油型和水包水型两种），此外还有纤维状涂料、仿瓷涂料、绒面涂料等。本次学习任务主要是厘清和掌握各种室内墙面涂料施工工程的施工准备工作、施工步骤和工艺要求，以及应注意的施工质量问题、成品保护问题及质量验收标准和方法。

知识链接

　　室内墙面涂料工程施工前的材料准备

　　1. 根据设计要求选定乳胶漆的品种、颜色，根据现场测量的涂饰面积和材料损耗确定所需乳胶漆数量。

　　2. 确认所选乳胶漆供应商提供的材料符合《民用建筑工程室内环境污染控制标准》的要求，并提供相关部门出具的有害物质限量等级检测报告。

　　3. 准备涂饰辅料，如建筑石膏粉、大白粉、滑石粉、胶黏剂、纤维素等材料。

　　4. 选择合适的施工工具，如羊毛滚筒、海绵滚筒、空气压缩机、喷枪、漆刷等。

室内墙面涂料
施工工艺

墙、顶面基层
清理施工工艺

批腻子、抹灰
施工工艺

任务实施

一、室内墙面涂料施工的操作步骤（以一底两面为例）

室内墙面涂料施工的操作步骤：基层处理→修补腻子、局部刮腻子→磨平→刮腻子→涂刷第一遍乳胶漆→复补腻子、打磨、磨光→涂刷第二遍乳胶漆→涂刷第三遍乳胶漆。

1. 基层处理：施工人员首先将墙面基层起皮、松动、鼓包的地方清除凿平，将残留在基层表面的灰尘、污垢、溅沫和砂浆流痕等清除干净。

2. 修补腻子、局部刮腻子：施工人员用水石膏将墙面基层上磕碰的坑洼、缝隙等填补均匀、找平，如图6-39和图6-40所示。

图6-39 基层处理、局部刮腻子

图6-40 局部刮腻子

3. 磨平：腻子干燥后施工人员用细砂纸将凸出处磨平，并将浮尘等清扫干净，如图6-41和图6-42所示。

图6-41 传统人工打磨

图6-42 新型机械环保打磨

4. 刮腻子：基层或墙面的平整度不同，设计、验收等级要求不同，所选择的材料和刮腻子的遍数也不相同。腻子的配合比为重量比，主要有两种：一种是适用于室内的腻子，聚醋酸乙烯乳液（白乳胶）与滑石粉或大白粉的配比为1∶5；一种是适用于外墙、厨房、厕所、浴室的腻子，聚醋酸乙烯乳液与水泥及水的配比为1∶5∶1。

刮腻子的具体操作方法：第一遍腻子用嵌批刮刀工具横向涂刮，一刮板接着一刮板，每刮一刮板最后收口时都要干净利落。腻子干燥后用1号砂纸磨平，将浮腻子及斑迹磨平磨光，再将墙面清扫干净；第二遍腻子用胶皮刮板竖向涂刮，所用材料和方法与刮第一遍腻子相同，干燥后用1号砂纸磨平，并清扫干净；第三遍用胶皮刮板找补腻子，用钢片刮板满刮腻子，将墙面基层刮平刮光，干燥后用细砂纸磨平磨光，注意不要漏磨或将腻子磨穿。

5. 涂刷第一遍乳胶漆（底漆）：底漆涂刷时采用横、纵向交叉施工的方法，常用的"横三竖四"手法是按先左后右、先上后下、先边后面顺序涂刷施工的。乳胶漆一般用排笔涂刷，使用新排笔要将多余的排笔杂毛去掉。乳液薄涂料使用前应搅拌均匀，适当加水稀释，防止头遍涂料因过稠涂不开而涂刷不匀，涂刷时衔接处要紧密，每一个单元应一次性刷完。

6. 复补腻子、打磨、磨光：第一遍乳胶漆的基层完全干透后，施工人员应将墙面上的小疙瘩、坑洼、刮痕、排笔残留杂毛等用腻子找平、刮平，再用细砂纸磨掉，磨光后清扫干净。

7. 涂刷第二遍乳胶漆（面漆）：面漆涂刷的操作要求与第一遍相同，乳胶漆使用前要充分搅拌，根据其黏稠度适当加水。施工人员应选择合适的涂刷工具，如排笔、毛绒滚筒、喷枪等，直接将乳胶漆涂饰在基面上。

8. 涂刷第三遍乳胶漆：参考涂刷第二遍乳胶漆的要领。由于是第二层面漆，也是最后一层，施工人员需要更加细心，边涂刷边观察有无流挂、露底、笔毛残留及衔接处不严密等问题，及时发现、及时修补，保持涂刷面清洁。

二、室内墙面涂料施工的操作工艺要求

1. 刷涂

室内墙面涂料的涂刷方向、距离应该保持一致，接搓应在分格缝处。如果所用涂料干燥较快，应缩短涂刷距离。刷涂一般不少于两道，应在前一遍涂料表面干燥后再刷下一层涂料，两道涂料的间隔时间一般为 2~4 h。

2. 喷涂

（1）施工人员在喷涂前必须清洗喷枪和喷壶，尤其是喷嘴，避免出现乳胶漆残留混色。

（2）大面积喷涂前先要试喷，喷涂施工应根据涂料的稠度、最大粒径等具体情况，选择合适的喷涂机具种类及喷嘴口径。此外，施工人员还要调试好喷嘴和空气压缩机的压力大小，以将涂料喷成雾状为佳。喷枪与基面要保持垂直状态，距离 50 cm 左右，以喷涂后不流挂为标准。

（3）喷枪运行时，喷嘴中心线必须与墙面垂直，喷枪与墙面有规则

地平行移动，运行速度应保持一致，涂层的接搓应留在分格缝处。门窗及不喷涂料的部位，应做好遮挡保护。喷涂操作应连续进行，一次成活，如图 6-43 所示。

图 6-43　喷漆涂刷

3. 滚涂

（1）施工人员应根据乳胶漆的黏度和表面张力评判其是否适合滚涂施工，还应根据涂料的品种及要求的花饰确定滚涂工具。乳胶漆

装饰材料与施工工艺

滚涂工具应具有较好的流平性能，防止拉毛现象。

（2）施工人员应检查乳胶漆的填充料比例是否合适，若胶黏度过高，则容易出现皱纹。具体施工时施工人员应用力均匀、速度一致，保持滚筒内始终具有一定量的涂料。

（3）滚涂要一气呵成，在涂刷墙面上下垂直来回滚动，并且衔接紧密，避免扭曲蛇行，这样才能保证涂刷的均匀和完整，如图 6-44 所示。

图 6-44 滚筒涂刷

4. 弹涂

施工人员应先在基层刷涂 1~2 道底色涂层，待其干燥后再进行弹涂。弹涂时，弹涂器的机口应垂直对正墙面，距离保持在 30~50 cm，然后按一定速度自上而下、由左向右弹涂。选用压花型弹涂时，施工人员应适时将彩点压平。

三、室内墙面涂料施工的注意事项及质量问题

1. 注意事项

（1）混凝土和抹灰表面施涂水性涂料时，基体或基层的含水率不得大于 10%。

（2）涂料工程使用的腻子应结实牢固，不得粉化起皮和裂纹。外墙、厨房、浴室及厕所等需要使用涂料的部位，应使用具有耐水性能的腻子。

（3）透底产生的主要原因是漆膜薄，因此涂料工程施工时除应注意不漏刷外，还应保持涂料的稠度，不可加水过多。

（4）施工人员涂刷时要上下顺刷，后一排笔紧接前一排笔，若间隔时间太长，容易看出接头，因此大面积施涂时，应配足人员，互相衔接好。

（5）为避免刷纹明显，施工时乳液薄涂料的稠度要适中，排笔蘸涂料的量要适当，涂刷时用力要均匀。

（6）为避免分色线不齐，施工前施工人员应认真按标高找好并弹划好粉线。

（7）涂料施工应保证每个独立面及每遍都使用同一批涂料，并且一次刷完，确保颜色一致。

2. 质量问题

室内墙面涂料施工时常见的质量问题如图 6-45~图 6-50 所示。

图 6-45　常见问题 1：流挂

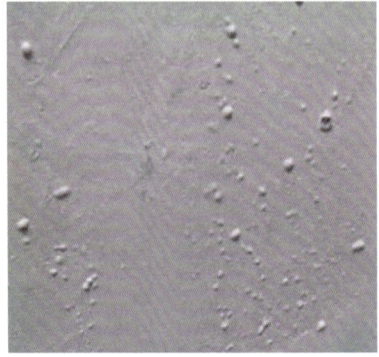

图 6-46　常见问题 2：起泡

图 6-47　常见问题 3：泛碱、发霉

图 6-48　常见问题 4：咬底

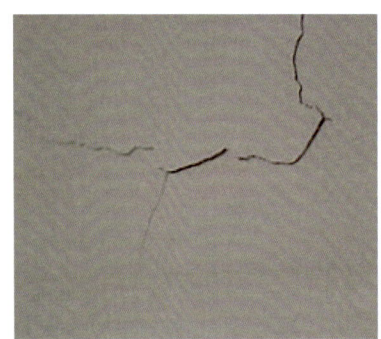

图 6-49　常见问题 5：龟裂

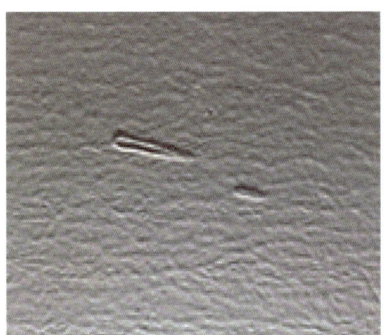

图 6-50　常见问题 6：砂纸痕

四、室内墙面涂料施工的成品保护

1. 涂刷前施工人员应首先清理好周围环境，防止尘土飞扬，影响涂料质量。

2. 施工人员涂刷墙面涂料时不得污染地面、插座、开关、踢脚线、阳台、窗台、门窗及玻璃等已完成的分项工程，因此在涂刷前应做好防护措施。

3. 每日涂刷完成后要保持室内空气流通，防止漆膜干燥后表面无光或光泽不足。

4. 涂料干燥前，施工人员一律不准从室内向外倾倒垃圾，不准打扫室内地面，严防灰尘、雨淋、热空气等污染饰面涂料，一旦发生问题应及时进行处理。

5. 涂料墙面完工后要妥善保护，不得磕碰和污染墙面。

6. 施涂工具使用完毕后，应及时清洗或浸泡在相应的溶剂中，以确保不影响下次继续使用。

五、室内墙面涂料施工的质量验收标准和方法

涂料工程应待涂层完全干燥后，方可进行验收。

《建筑涂饰工程施工及验收规程》（JGJ/T 29—2015）为行业标准，自2015年11月1日起实施。应根据使用涂饰材料和建筑物特点，对建筑物涂饰面基层按设计要求进行处理。涂饰施工温度方面，对于水性产品，环境温度和基层温度应保证在5 ℃以上，对于溶剂型产品，环境温度和基层温度应保证在产品使用要求的温度范围内；施工时空气相对湿度宜小于85%；当遇大雾、大风、下雨时，应停止户外工程施工。涂饰施工时应符合现行国家标准《涂装作业安全规程　涂漆工艺安全及其通风净化》（GB 6514—2023）和《涂装作业安全规程　安全管理通则》（GB 7691—2003）的规定。对于有涂饰材料飞散或溶剂挥发对人体产生有害影响时，操作人员应采取劳动保护措施。为满足建筑涂饰工程的质量要求，应保证基层的养护期、施工的工期及涂层养护期符合标准的要求。

任务评价

评价内容	评价标准	权重%	得分
基础知识	掌握室内墙面涂料施工的步骤	20	
	明确室内墙面涂料施工的操作工艺要求	20	
	注意涂料施工时的注意事项、质量问题及成品保护	20	
应用能力	在实际项目中灵活运用所学内容	40	

任务小结

通过本次任务的学习，同学们已经初步了解了室内墙面涂料施工工程的施工准备工作、施工步骤和施工工艺要求，同时了解了室内墙面涂料施工应注意的施工注意事项、质量问题、成品保护方法及质量验收标准和方法。课后同学们要在教师的带领下走访室内装饰工程的施工现场，亲身观察和参与室内墙面涂料施工的全过程，将理论知识与实践应用紧密结合起来。

能力测试

单项选择题（6分，每题1分）

1. 对涂料和涂膜的性质起决定性作用的是（   ）。

   A. 成膜物质　　　　B. 颜料　　　　　　C. 溶剂　　　　　　D. 助剂

2. 国际上大多数工业产品，特别是儿童用品绝对禁止使用含（   ）的涂料。

   A. 铅　　　　　　　B. 汞　　　　　　　C. 锡　　　　　　　D. 铬

3. 染料与颜料的最大差异是（   ）。

   A. 染料是分散于溶剂或水中的　　　　B. 染料是溶解于溶剂或水中的

   C. 染料是不分散于溶剂或水中的　　　　D. 染料是不溶解于溶剂或水中的

4. PU 腻子与 NC 腻子相比缺点是（   ）。

   A. 填充性差　　　　B. 易咬底　　　　　C. 干燥慢　　　　　D. 易裂开

5. 水性内墙产品需符合（   ）的要求，有害物质限量要符合（   ）的要求，水性外墙产品性能需符合（   ）的要求

   A. GB 18581—2020　　　　　　　　B. GB/T 9755—2014

   C. GB 18582—2020　　　　　　　　D. GB/T 9756—2018

6. 比较颜色时，原则上由垂直方向照明，从约定（   ）。角度观察，但须避开光源影像之反射。

   A.30　　　　　　　B.45　　　　　　　C.60　　　　　　　D.90

拓展训练

1. 每名同学制作 10 页室内墙面涂料施工工艺的 PPT 文档

2. 每名同学参观室内装饰工程的施工现场 1 次，参观完毕后撰写心得体会 1 篇，不少于 800 字。

任务三

室内艺术涂料施工工艺

任务描述

艺术涂料种类繁多，装饰表现力强，大型建筑工程的装饰装修，可通过大范围使用艺术涂料提高装饰效果。艺术涂料色彩丰富，可用于表现图案或者立体浮雕。作为一种装饰材料，艺术涂料在硬度、耐磨性、色彩的持久性等方面都能达到很高水平。传统涂料色彩单一、表现力单薄，已经不能完全满足人们室内装修的需求，而艺术涂料的使用可显著提高室内装修水平。本次任务主要是学习室内艺术涂料施工工艺的基本知识，了解室内艺术涂料的优缺点，掌握套色花饰涂饰、滚花涂饰、仿木纹涂饰、仿石纹涂饰等多种艺术涂饰的施工流程和工艺，以及艺术涂料涂饰的成品保护和质量验收标准、检验方法。

知识链接

艺术涂料及其特点

一、艺术涂料及其特点

传统的室内墙面装饰材料主要是壁纸、壁布和乳胶漆，严格来讲这三种装饰材料只有乳胶漆属于涂料类，因而乳胶漆和艺术涂料之间的可比性更为突出。传统的乳胶漆通常只能做出一种纯色效果，如白色、水泥灰等，施工前施工人员要对乳胶漆进行调色，然后统一涂刷，其色彩相对单一，难以形成炫目的层次感。在现代化的室内装饰中，这种单一的效果已经无法满足人们的需求。起源于欧洲的艺术涂料是一种看起来与乳胶漆非常类似的水性涂料，但其在色彩、图案以及质感方面和乳胶漆却有着显著的差异。这种涂料可营造出多种类型的装饰效果，如幻影感、刮砂感、肌理感、浮雕感等。多样化且极具个性的装饰效果使艺术涂料受到室内设计行业的青睐，其应用越来越广泛。

二、艺术涂料的选用

艺术涂料种类多样，品质也参差不齐，使用之前要通过一定方法来判断其质量是否符合要求。主要的判断方法有以下几种：

（1）观察艺术涂料的水溶性。作为一种水溶性涂料，其溶于水中的效果可直接反映艺术涂料的质量。施工人员可取出少量的艺术涂料溶于水中，静置一段时间，涂料中的花色粒子会逐渐下沉，表面形成一种具有保护性作用的水胶溶液，如果溶液呈现淡黄色或者无色，表明其品质优良，如果呈现浑浊色，说明该艺术涂料的品质相对较差，其环保性可能也存在一定问题。

（2）观察艺术涂料是否存在漂浮物。溶于水并经过静置的艺术涂料所形成的保护性水胶溶液中一旦出现较多的漂浮物，就说明该涂料杂质较多，品质较差，优质的涂料仅有少量的花纹粒子，而这种粒子本身就是艺术涂料的重要组成部分。

（3）检查艺术涂料的质量证明。艺术涂料应选择正规厂家生产、经国家标准检验、生产日期和出厂质量检验等证明性文件齐全的产品。

艺术涂料色彩丰富、纹理立体感强，弥补了传统乳胶漆平面、单色的缺陷，装饰出来的图案层次丰富、光泽感强，在不同角度下会产生不同的立体效果，在自然光和灯光的照射下还能呈现不同的色彩变化，展现出独特的艺术魅力，如图6-51所示。

图6-51　艺术涂料色彩丰富

任务实施

一、室内艺术涂料的施工工艺要求

常见的室内艺术涂料施工工艺有套色花饰涂饰、滚花涂饰、仿木纹涂饰和仿石纹涂饰。

室内艺术涂料施工工艺

1. 套色花饰涂饰

（1）套色花饰涂饰施工的工艺流程：清理基层→弹水平线→刷底油（清油）→刮腻子→砂纸磨光→刮腻子→砂纸磨光→弹分色线→涂饰调和漆→漏花→画线。

（2）套色花饰涂饰的施工工艺：

①套色花饰涂饰施工操作时，漏花板必须注意找好垂直，每一套色为一个版面，每个版面四角均有标准孔（俗称规矩），必须对准，不应有位移，更不得将版翻用。

②漏花的配色应以墙面油漆的颜色为基准色，每一版的颜色要深浅适度，才能使漏花所组成的图案色调协调、柔和，并呈现立体感和真实感。

③喷印应按照适宜的方法，以分色的顺序进行。套色漏花时，当第一遍油漆干透后，再进行第二遍油漆涂色，以防混色。各种套色的花纹要组织严密，不能有漏喷（刷）和漏底子的现象。

④配料的稠度要适当，过稀容易流坠污染墙面，过干则容易堵塞喷油嘴，影响套色、漏花的质量。

⑤漏花板每漏3~5次就应用干燥而洁净的布将背面和正面的油漆及时清洁干净，以防污染墙面。

套色花饰施工完成效果如图6-52所示。

图 6-52　套色花饰施工完成效果

2. 滚花涂饰

（1）滚花涂饰施工的工艺流程：基层清理→涂饰底漆→弹线→滚花→画线。

（2）滚花涂饰的施工工艺：

①施工人员按照设计要求的花纹图案，在橡胶或软塑料滚筒上刻制模子。

②施工人员操作时，应先在面层油漆表面弹出垂直粉线，然后沿粉线自上而下进行。滚筒的轴必须垂直于粉线，不得歪斜。

③花纹图案应均匀一致，色调应符合设计要求，不显接槎。

④滚花完成后，周边应画色线或做花边、方格线。

滚花涂饰纹理图案如图6-53所示。

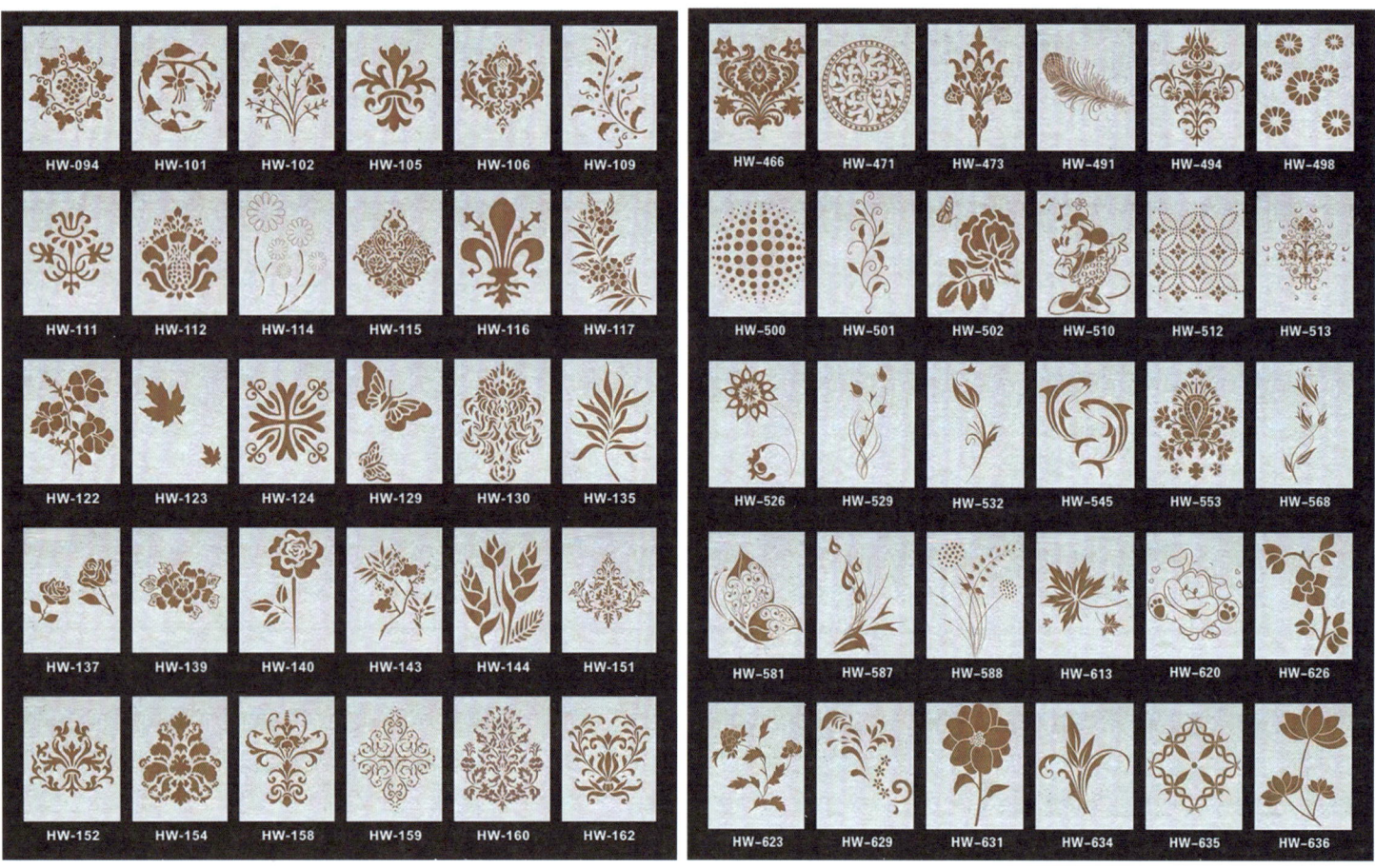

图6-53　滚花涂饰纹理图案

3. 仿木纹涂饰

（1）仿木纹涂饰的施工工艺流程：清理基层→弹水平线→涂刷清油→刮腻子→砂纸磨光→刮色腻子→砂纸磨光→涂饰调和漆→再涂饰调和漆→弹分格线→刷面层油→做木纹→用干刷轻扫→画线→涂饰清漆。

（2）仿木纹涂饰的施工工艺：

①仿木纹涂饰应在第一遍涂料表面进行。

②涂饰前施工人员要测量室内高度，然后根据室内净高确定仿木纹墙裙的高度，仿木纹墙裙一般为室内净高的1/3左右，但不应高于1.30 m，也不应低于0.80 m。

③待仿木纹涂饰施工工艺完成后，表面应涂饰罩面清漆。

仿木纹涂饰纹理图案如图6-54所示。

图6-54 仿木纹涂饰纹理图案

4.仿石纹涂饰

（1）仿石纹涂饰的施工工艺流程：清理基层→涂刷底油→刮腻子→砂纸磨光→刮腻子→涂饰二遍调和漆→喷涂三遍色→画线→涂饰清漆。

（2）仿石纹涂饰的施工工艺：

①仿石纹涂饰应在第一遍涂料表面进行。

②待底层所涂清油干透后，施工人员刮两遍腻子，磨两遍砂纸，然后拭掉浮粉，再涂饰两遍调和漆，调和漆的颜色以浅黄色、灰色或绿色为宜。

③调和漆干透后，施工人员将用温水浸泡的丝棉拧去水分，甩干，使之松散，然后用小钉子将其挂在油漆好的墙面上，再用手整理丝棉使其成斜纹状，如石纹一般。最后连续喷涂三遍色，其顺序是先喷浅色，再喷深色，最后喷白色。

④油色喷涂完成后停10~20 min，施工人员即可取下丝棉，待喷涂的石纹干燥后再进行画线，等线干燥后再刷一遍清漆。

仿石纹涂饰纹理图案如图6-55所示。

图6-55 仿石纹涂饰纹理图案

二、艺术涂料涂饰的成品保护

1. 每遍油漆前，施工人员都应将地面、窗台清扫干净，防止尘土飞扬，影响油漆质量。

2. 每遍油漆后，施工人员都应将门窗扇用桄钩钩住，防止门窗扇或框被油漆黏结，破坏漆膜，造成修补及操作困难，也避免风吹门窗扇撞击门框造成门窗扇或玻璃损坏。

3. 刷油后施工人员应将滴在地面、窗台及污染在墙上的油点清刷干净。

4. 油漆完成后，应派专人负责看管。

三、艺术涂料涂饰的质量验收标准及检验方法（表6-1、表6-2）

表6-1　艺术涂料涂饰工程主控项目的质量验收标准及检验方法

项次	质量要求	检验方法
1	艺术涂料涂饰所用材料的品种、型号和性能应符合设计要求	检查产品合格证书、性能检测报告和进场验收记录
2	艺术涂料涂饰工程应涂饰均匀、黏结牢固，不得漏涂、透底、起皮、掉粉和反锈	观察
3	艺术涂料涂饰工程的基层处理应符合规范要求	观察
4	艺术涂料涂饰的套色、花纹和图案应符合设计要求	观察

表6-2　艺术涂料涂饰工程一般项目的质量验收标准及检验方法

项次	质量要求	检验方法
1	艺术涂料涂饰应表面洁净，不得有流坠、漏涂、透底、起皮、掉粉和反锈现象	观察
2	滚花、套色涂饰的图案应颜色鲜明，纹理和轮廓清晰，不得移位，不得有漏涂、流坠等现象	观察
3	艺术涂料涂饰的套色、花纹和图案应符合设计要求	观察
4	仿花纹涂饰的饰面应具有被摹仿材料的纹理	观察
5	不同颜色的线条应横平竖直，均匀一致搭接，错位不得大于 0.5 mm	观察

任务评价

评价内容	评价标准	权重 %	得分
基础知识	掌握室内艺术涂料施工的工艺要求	20	
	注意艺术涂料涂饰的成品保护	30	
应用能力	在实际项目中灵活运用所学知识	50	

任务小结

　　通过本次任务的学习，同学们已经了解了室内艺术涂料的优缺点，掌握了套色花饰涂饰、滚花涂饰、仿木纹涂饰、仿石纹涂饰等多种艺术涂料涂饰的施工流程及施工工艺。同时，同学们还了解了艺术涂料涂饰的成品保护和质量验收标准、检验方法，对装饰涂料有了更全面的认识。课后同学们要多收集室内艺术涂料施工工艺的相关资料，并到室内装饰工程施工现场体验室内艺术涂料施工的流程和工艺，将理论与实践紧密结合起来。

能力测试

一、判断题

1. 助剂是涂料的一个重要组成部分，不能单独成膜。（　　）

2. 乳胶漆的漆膜有"呼吸"的特性，特别适用于内、外墙面。
（　　）

3. 乳胶漆可以做成完全无溶剂类型。（　　）

4. 与其他涂料相比，PU 漆膜的弹性最高，所以广泛用作地板漆、甲板漆等。（　　）

5. 乳胶漆是水性涂料的一大类，VOC 含量很低，符合环保要求。（　　）

6. 潮气固化 PU 漆是单组分自干漆，单组分自干漆的特征是干燥过程不发生化学反应。（　　）

7. 聚氨漆是由多异氰酸与多元醇结合而成。（　　）

拓展训练

1. 每名同学收集和整理关于室内艺术涂料产品介绍的 PPT 文档 20 页。

2. 每名同学在教师的带领下到室内装饰艺术涂料施工现场体验艺术涂料涂饰的施工流程和工艺，并撰写 800 字的体验报告。

159

任务四

室内木器涂料施工工艺

了解室内木器涂料的种类及优缺点，掌握木器表面施涂清漆涂料的施工流程和工艺，以及施涂混色磁漆的施工流程和工艺。通过对室内木器涂料施工工艺的学习，为以后的现场施工组织工作和监理工作打下坚实的基础。

知识链接

《尚书·洪范》中曾提过"木曰曲直"。木既有生发、生长、伸展之性，又有柔和、屈曲之性。后来人们通过引申将凡是具有生长、生发、伸展、舒展、扩展、屈曲等特征和作用的事物和现象，均归属于木。"碧玉妆成一树高，万条垂下绿丝绦""庭中有奇树，绿叶发华滋"……中国人对木制品情有独钟，从古至今，大到宫殿房屋，小至碗筷汤勺，人们使用木材来构筑生活，无论是狩猎工具还是屋舍、家具，都与木有着密不可分的关系。

木头与其他材料的不同之处在于它具有温度和生命，每块木头都有其特有的年轮肌理和气味，能让人直观地感受到纹理、质感和木香，具有聚气凝神、调节情绪的功能。天然木器漆称大漆，又称"国漆"，树上采割下来的汁液用纱布滤去其杂质后即称为生漆。木器漆附着力强、硬度大、光泽度高，具有突出的耐久、耐磨、耐水、耐腐蚀等性能。天然木器漆的漆膜色彩与光泽还具有独特的装饰作用，是古代建筑、家具、木雕工艺品的理想涂饰材料。

木器漆是用于木制品上的一类树脂漆，如聚酯漆、聚氨酯漆等，有水性和油性两种。木器漆按光泽可分为高光木器漆、半亚光木器漆和亚光木器漆；按用途可分为家具漆、地板漆等。目前市场上常用的室内装饰用木器漆主要有硝基漆、聚酯漆和水性木器涂料三种。

1. 硝基漆

硝基漆分为外用清漆、内用清漆、木器清漆及各色磁漆四类。其优点是光泽较好、装饰效果美观，而且施工简便、干燥迅速，无论修补、翻新还是修复都很容易，此外硝基漆配比简单、手感好、对涂装环境的要求不高，具有较好的硬度和亮度，非常适宜喷涂涂饰。硝基漆的缺点是涂装成本较高，耐久性一般，保光保色性不好，使用时间稍长就容易出现失光、开裂、变色等问题，其环保性相比于 PU 漆、UV 漆而言也较差，容易老化和变黄。

2 聚酯漆

聚酯漆的优点是有溶剂的情况下一次涂饰即可得到较厚的涂膜，而且色泽良好，硬度高，耐磨、耐热、耐水，保光、保色性好，施工效率高，涂装成本低，因此应用非常广泛。其缺点是对施工环境要求高，漆膜一旦损坏不易修复，此外调配漆后使用时间受限制，层间必须打磨，而且配比严格。

3. 水性木器涂料

水性木器涂料的优点是环保性比 NC 漆、PU 漆好，不易变黄，油漆干燥速度快且施工简单方便。其缺点是施工环境要求高（温度不低于 5 ℃，相对湿度小于 85%），与 PU 漆相比硬度差，全封闭施工工艺的造价高于硝基漆、聚酯漆产品。

任务实施

业内有"三分木，七分漆"之说，作为装修中的面子工程，木器油漆至关重要。

一、木器表面施涂清漆涂料工艺

1. 适用范围

本工艺标准适用于一般建筑木门窗和木材表面的中级清漆涂刷工程。

2. 施工准备

（1）材料准备

涂料：光油、清油、脂胶清漆、酚醛清漆、铅油、调和漆、漆片。

填充料：石膏、地板黄、红土子、黑烟子、大白粉。

稀释剂：汽油、煤油、醇酸稀料、松香水、酒精。

催干剂：液体催干剂。

（2）施工工具

施工工具主要有油刷、开刀、牛角板、油画笔、掏子、毛笔、砂纸、破布、腻子板、钢皮刮板、橡皮刮板、小油桶、半截大桶、水桶、油、棉丝、麻丝、竹签、小色碟、铜丝、脚手板、安全带、钢丝钳子、小锤子和小扫把等。

（3）作业条件

①一般油漆工程施工时的环境温度不低于 10 ℃，相对湿度应小于 60%。冬季施工室内油漆工程，应在采暖条件下进行，室温应保持均衡，同时设专人负责测量湿度和开关门窗，以利于通风和排除湿气。

②施工人员在室外或室内高于 3.6 m 处作业时，应事先搭设好脚手架，以不妨碍操作为准。

③木器涂料大面积施工前应事先做样板间，经检查鉴定合格后，方可组织班组进行大面积施工。

④木基层表面含水率一般不大于12%。

3. 工艺流程

木器表面施涂清漆涂料的工艺流程：清理木器表面→磨砂纸打光→润色油粉→砂纸打磨→满刮第一遍油腻子，砂纸磨光→满刮第二遍腻子，细砂纸磨光→涂刷色油→刷第一遍清漆（底漆）→复补腻子、修色，细砂纸磨光→刷第二遍清漆，细砂纸磨光（底漆）→刷第三、四遍清漆（底漆），磨光→水砂纸打磨退光→刷第一、二、三遍面漆，打蜡、抛光、擦亮。

4. 主要操作工艺和施工要点

（1）基层处理、修补、打磨

①基层清洁、打磨是木器涂刷清漆的重要工序，如图 6-56 所示。施工人员首先将木器表面基层上的灰尘、油污、斑点、污垢、胶剂等用专用除尘布清洁干净或用刮刀刮除干净，注意不要刮出毛刺。

②铲去木器表面毛刺，用专用木材封闭剂修整缝隙和脂囊，如图 6-57 所示。

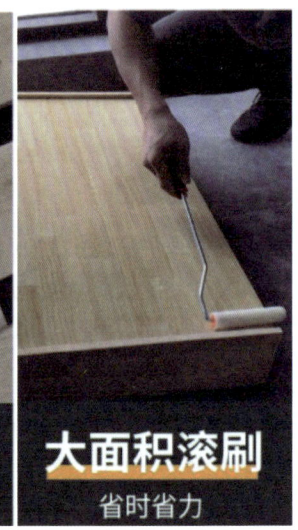

图 6-56 基层清洁　　图 6-57 专用木材封闭剂

③用 1 号以上的砂纸顺着木器的纹理进行打磨，先磨线角，后磨平面，直到光滑为止。

（2）润色油粉

施工人员将大白粉和颜料加入熟桐油或松香水中混合并搅拌成糊糊状（颜色要和样板颜色一样），用棉纱团或麻丝沾上油粉，来回反复揉擦木材表面，将木料的洞眼、鬃眼擦平。待润色油粉干燥后，施工人员再用 1 号砂纸轻轻顺木纹打磨，直到打磨光滑，然后用潮布将粉尘、灰尘擦拭干净。

（3）刮油腻子

施工人员首先将石膏粉和颜料加入熟桐油和水中调配成油色腻子，用开刀或牛角板将腻子刮入钉孔、裂纹、鬃眼内，一定要刮干净；待腻子干透后，用 1 号砂纸轻轻顺着木纹打磨，直到打磨光滑；磨完后用潮布将粉尘、灰尘擦拭干净。根据木材基层的情况，重复进行多次刮腻子、砂纸打磨工序。油腻子及调和后的各色油腻子如图 6-58 所示；砂纸打磨如图 6-59 所示。

01 清理打磨
用砂纸打磨至平整清理干净，保存干燥

02 加水搅拌
漆较浓稠时可加 5% 清水稀释搅拌均匀，沾少量漆

图 6-58　油腻子及调和后的各色油腻子

图 6-59　砂纸打磨

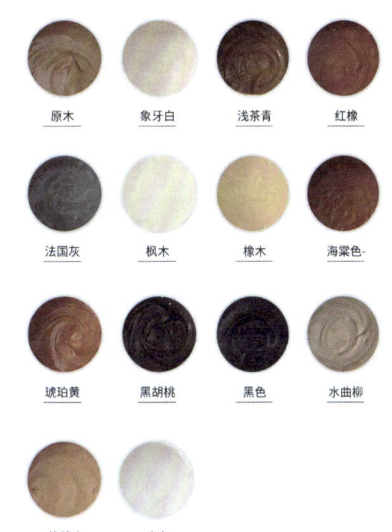

多色腻子颜色色卡

原木　象牙白　浅茶青　红橡

法国灰　枫木　橡木　海棠色-

琥珀黄　黑胡桃　黑色　水曲柳

橡胶木　白色

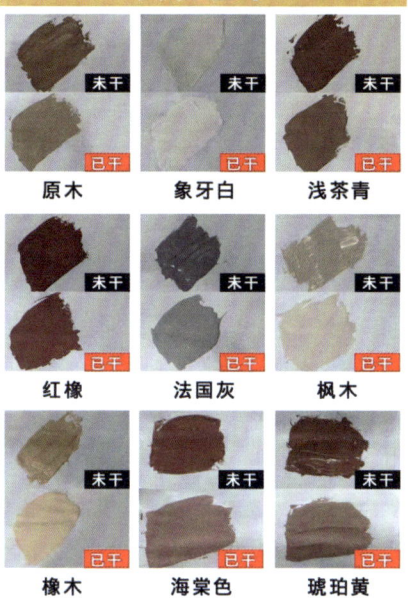

实物色卡

未干　未干　未干
已干　已干　已干
原木　象牙白　浅茶青

未干　未干　未干
已干　已干　已干
红橡　法国灰　枫木

未干　未干　未干
已干　已干　已干
橡木　海棠色　琥珀黄

（4）涂刷色油

施工人员将铅油、调和漆、光油、清油等搅拌混合在一起（颜色要和样板颜色一样），然后从外到内、从左到右、从上到下，顺着木纹涂刷，涂刷时要求无流坠，横平竖直，和木材色泽保持一致，每一个面均要一次刷好，不留接头，以免颜色不一致，如图 6-60 所示。

（5）刷第一遍清漆（底漆）

①刷清漆：清漆刷法与色油刷法基本相同，但第一遍刷的清漆应略加一些稀料以使其快速干燥。清漆黏性较大，施工人员最好使用常用的旧刷子，涂刷时要注意不流、不坠，涂刷均匀。待清漆完全干透后，施工人员应用 1 号砂纸或旧砂纸将其全部打磨一遍，将头遍清漆面上的光亮基本打磨掉，最后再用潮布将粉尘擦净。

②修补腻子：一般情况下刷色油后不抹腻子，如果情况特殊，施工人员可以使用油性略大的带色石膏腻子修补残缺不全之处，但操作时必须使用牛角板刮抹，不得破坏漆膜，腻子要刮干净，做到光滑平整。

图6-60 涂刷色油

③修色：木料表面的黑斑、节疤、腻子疤和颜色不一致处，应用漆片、酒精加色调配（颜色同样板颜色一致），或由浅到深地用清漆调和漆和稀释剂调配，进行修色。木材颜色深的应修浅，浅的应加深，将深浅色拼成一色，并绘出木纹。

④涂刷清油时，手握油刷要轻松自然，手指轻轻用力，以移动时不松动、不掉刷为准。涂刷时要按照每次少蘸油、操作勤快的要求，依照先上后下、先左后右、先里后外的顺序进行。

（6）刷第二遍清漆（底漆）。

第二遍底漆应使用原清漆不加稀释剂（冬季可略加催干剂），刷油操作同第一遍，要求动作敏捷，不流坠，饱满一致，光亮均匀。刷完后施工人员需仔细检查，若有问题应及时修补、修复。此外，刷漆时应保证周围环境整洁。

（7）刷第三、四遍清漆（底漆）。

第二遍底漆干透后，施工人员首先要进行磨光，然后用潮布擦干净，再刷两遍底漆。

（8）砂纸打磨。

第三、四遍底漆干透后，施工人员用水砂纸对其进行打磨，磨光后，用潮布擦干净、晾干。

（9）刷面漆。

木料表面晾干后，施工人员应刷第一遍面漆，待其干透后，用2800号~4000号水砂纸进行打磨。磨光后擦干净，再刷第二、三遍面漆。

5. 质量验收标准及检验方法（表6-3、表6-4）

表6-3　木料表面施涂中级厚涂料的质量验收标准及检验方法

项次	项目	中级厚涂料质量验收标准	检验方法
1	木纹	鬃眼刮平、木纹清晰	观察、手摸
2	光滑、光亮	表面光滑，光亮足	
3	流坠、皱皮、裹棱	大、小面均无明显流坠、皱皮、裹棱	
4	颜色、刷纹	颜色一致，无刷纹	
5	玻璃、五金等	洁净	

表6-4　木料表面施涂中级清漆和高级清漆的主要工序

项次	工序名称	中级清漆	高级清漆
1	清扫、起钉子、清除油污等基层处理	*	*
2	磨砂纸	*	*
3	润粉	*	*
4	磨砂纸	*	*
5	第一遍刮腻子	*	*
6	磨光	*	*
7	第二遍刮腻子		*
8	磨光		*

项次	工序名称	中级清漆	高级清漆
9	刷油色	★	★
10	刷第一遍清漆	★	★
11	拼色	★	★
12	复补腻子	★	★
13	磨光	★	★
14	刷第二遍清漆	★	★
15	磨光	★	★
16	刷第三遍清漆	★	★
17	磨水砂纸		★
18	刷第四遍清漆		★
19	磨光		★
20	刷第五遍清漆		★
21	磨退		★
22	打砂蜡		★
23	打油蜡		★
24	擦亮		★

注：表中"★"表示应进行的工序。

二、木质表面施涂混色磁漆工艺

木质表面施涂混色磁漆工艺适用于丙烯酸酯涂料、聚氨酯丙烯酸涂料、有机硅丙烯酸涂料等溶剂型涂料涂饰工程。

1. 适用范围

本工艺适用于一般建筑木门窗和木材表面的中级清漆涂刷工程。

2. 施工准备

（1）材料要求

施工前要备好的材料有熟石膏粉、熟桐油、水、松香油、催干剂、铅油、调和漆、无光漆和磁漆等。

（2）施工工具

施工人员应准备好双梯、小提桶、油漆刷、排笔、牛角翘、油灰刀、画线刷、木砂纸、水砂纸、油、棉丝、麻丝、竹签、小色碟丝、脚手板、安全带、钢丝钳子、小锤子和小扫把等施工工具。

3. 工艺流程

木质表面施涂混色磁漆的工艺流程：基层处理→涂底油→满刮石膏腻子（第一、二道）→磨光→刷第一道醇酸磁漆→刷第二道磁漆→刷第三道磁漆→刷第四道磁漆→打砂蜡→涂抹光蜡。

4. 主要操作工艺和施工要点

（1）基层处理、修补、打磨

①施工人员用刮刀将木料表面的油污、灰浆等清理干净。

②砂纸打磨要磨光、磨平，木毛茬要磨掉，阴阳角胶迹要清除，阳角要倒棱、磨圆，上下一致。

（2）涂底油

底油由光油、清油、汽油拌和而成，底油涂刷要均匀，不可漏刷。结疤处及小孔抹石膏腻子，施工人员拌和腻子时可加入适量磁漆，腻子干燥后用砂纸打磨平整，清扫并用湿布擦净。

（3）满刮第一、二道腻子

大面用钢片刮板刮，要求平整光滑。小面用开刀刮，阳角要顺直方正。腻子干透后，用零号砂纸磨平、磨光，清扫并用湿布擦净。

（4）刷第一道磁漆

头道漆可加人适量醇酸稀释料，施工人员涂刷时应注意横平竖直，不得漏刷和流坠，待漆干透后再用砂纸磨光，清扫并用湿布擦净。如若发现不平整处，要及时补刮腻子并打磨，干燥后进行局部磨平、磨光，再清扫并用湿布擦净。刷两道漆的间隔时间，应视季节而定，一般夏季约为 6 h，春、秋季约为 12 h，冬季约为 24 h。

（5）刷第二道醇酸磁漆

第二道漆可以不添加稀释料，但涂刷时仍需注意不得漏刷和流坠。待漆干透后施工人员用木砂纸磨平，如果表面痱子疙瘩多，可用 280 号水砂纸磨平。如果局部有不光滑、不平整处，应及时复补、刮腻子，待腻子干透后，再用砂纸磨平，清扫并用湿布擦净。

（6）刷第三道醇酸磁漆

第三道磁漆的刷法与要求同第二道，该道磁漆可用 320 号水砂纸打磨，但要注意不得磨破棱角和漆面，为达到平整光滑的效果，磨好以后还应清扫并用湿布擦净。

（7）刷第四道醇酸磁漆

该道磁漆的刷法与要求同上。漆刷完后应用 320 号~400 号水砂纸打磨，打磨时用力要均匀，应将刷纹基本磨平，并注意棱角不得磨破，磨好后清扫并用湿布擦净。

（8）打砂蜡

施工人员应先将原砂蜡加入煤油使其化成粥状，然后用棉丝蘸上砂蜡进行涂刷，涂满木材表面后再用手按棉丝来回揉擦往返，揉擦时用力要均匀，以擦至出现暗光、大小面上下一致为准（不得磨破棱角），最后用棉丝蘸汽油将浮蜡擦洗干净。

（9）涂抹光蜡

施工人员需用干净棉丝蘸上光蜡，薄薄地抹一层，注意要擦匀擦净，直至达到光泽饱满为止。

冬季施工：室内油漆工程如在冬季施工应在采暖条件下进行，室温应保持均衡，一般不宜低于 10 ℃，相对湿度应小于 60%。同时应设专人负责测温和开关门窗，以便通风和排除湿气。

木料表面涂刷混色磁漆按其质量要求可分为普通、中级和高级三个等级，其主要工序见表 6-5。

表 6-5　木料表面涂刷普通、中级、高级混色磁漆的主要工序

项次	工序名称	普通级清漆	中级清漆	高级清漆
1	清扫、起钉子、清除油污等基层处理	★	★	★
2	铲除脂囊、修补平整	★	★	★

项次	工序名称	普通级清漆	中级清漆	高级清漆
3	磨砂纸	★	★	★
4	结疤处点漆片	★	★	★
5	干性油或带色干性油打底	★	★	★
6	局部刮腻子、磨光	★	★	★
7	腻子处涂干性油	★	★	★
8	第一遍刮腻子		★	★
9	磨光		★	★
10	第二遍刮腻子		★	★
11	磨光		★	★
12	涂刷底漆		★	★
13	刷第一遍涂料		★	★
14	复补腻子	★	★	★
15	磨光		★	★
16	湿布擦净	★	★	★
17	刷第二遍涂料	★	★	★
18	磨光		★	★
19	湿布擦净		★	★
20	刷第三遍涂料		★	★
21	打砂蜡	★	★	★
22	涂抹光蜡	★	★	★

注：1. 表中"★"表示应进行的工序。

2. 高级涂刷做磨退时，宜采用醇酸树脂涂料涂刷，并根据涂膜厚度增加1~2遍涂刷和磨退、打砂蜡、打油蜡、擦亮等工序。

三、室内木漆涂料施工的质量问题及处理措施

1. 脱皮

如果施工人员在木料基层未清理干净、木质表面含水率高或通风不好的情况下涂刷混色磁漆，很可能会出现脱皮现象，其应对措施如下：

（1）保证木质表面干燥，含水率应保持在12%以下，室内木质基层的含水率应小于10%，地板的含水率应小于9%。

（2）木质选用要合适，如防潮性好的酚醛树脂黏合的胶合板，室内外均可使用，而硬质纤维板因不耐潮湿，不适宜用在室外和冷凝严重的地方。

（3）施工环境应通风良好，并保持环境相对干燥。

（4）尽量避免各涂层使用不同材料的油漆和涂料。

（5）施工完成后如若发现脱皮现象应立即修补，方法是铲除重新涂刷。

2. 漏刷

漏刷一般发生在门窗的上、下冒头和靠合页小面处，以及门窗框、压缝条的上、下端部和衣柜门框的内侧等部位。其主要原因是内门扇安装时油工与木工没有协商配合，在下冒头未刷油漆时即安装门扇，导致事后油漆工无法涂刷。其应对措施如下：

（1）木器涂料应在门扇安装前完成涂刷。

（2）施工人员应仔细涂刷，切勿遗漏，用镜子照着涂刷更好。

（3）涂刷后施工人员应认真检查质量，发现漏刷应及时修补。

3. 缺腻子、缺砂纸

缺腻子、缺砂纸多发生在合页槽、上中下冒头和打孔、裂缝、结疤及棱残缺处，主要是施工人员未认真按照工艺流程规范操作所致。其应对措施如下：

（1）施工人员应将基层清扫干净，除去木质表面的钉子，除去油污和尘土。

（2）施工人员应铲除脂囊，刮净脂迹，挖掉流松香的结疤，较大的脂囊应用木材和胶镶嵌。

（3）施工人员磨砂纸时应先磨线角后磨平面，顺木纹打磨。

（4）施工人员应认真按照工艺流程进行操作。

4. 流坠、裹棱

油漆流坠、裹棱的主要原因有两点：一是由于油漆料太稀、漆膜太厚或环境温度过低，油漆干燥较慢造成；二是由于操作顺序和手法不当造成，尤其是门窗边棱分色处，一旦油量大或操作不注意，很容易造成流坠裹棱。其应对措施如下：

（1）选择质量好的油漆和挥发速度适当的稀释剂，并控制其掺入量。清漆应稠度适宜，不能太稀，每遍漆膜不能太厚。

（2）涂刷方法要正确，应按规范的工艺程序进行，先横向涂刷，再竖向涂刷，每次蘸油量不宜过多，油漆的涂膜厚度应均匀一致。

（3）摊油时应用力适中，边缘部位的涂刷可用摊油时多余的清油完成，涂刷吃油多或难刷的部位应适当多摊油；涂刷时应后刷挨前刷，轻轻地将清油上下理顺，理顺时应顺木纹，并按照垂直面由上向下、水平面顺光线照射的方向进行。

（4）毛刷不能过长或过短，毛刷过长油漆不易涂刷均匀。

（5）喷涂时，应距离适宜并调整喷枪的气压及出量，空气压缩机的压力应在0.2~0.4 MPa。

（6）物体表面应保持平整、光洁，清除油、水等污物。

（7）喷漆时喷枪的移动速度及其与物体的距离应控制得当，并按规定工艺程序先竖向喷，再横向喷，使漆膜形成均匀，

厚薄一致。

（8）温度应适宜，施工环境的温度应符合相应油漆种类的标准要求，如清漆宜在20~27℃的室温下施工，并在3 h内完成涂刷。油漆作业环境的温度一般应不低于10℃。

5. 刷纹、皱纹明显

刷纹、皱纹明显的主要原因是油刷小、油刷未泡开或刷毛发硬。其处理措施如下：

（1）油性涂料的稠度应适宜，太稠刷子拉不开，容易产生明显刷纹。

（2）施工人员应使用优质的油刷。猪鬃油刷对油漆的吸附性适宜，弹性也好，适宜涂刷各种油漆涂料。此外，毛刷不能过长，并应泡软后再使用。

（3）涂刷方法应正确，摊油、涂刷要均匀，不能漏刷，收刷方向不能杂乱，两刷间隔时间不宜过长。

（4）施工人员应顺木纹涂刷，厚薄一致，无接槎，无遗漏，涂层要薄。

（5）施工人员不应在风大的地方施工，以免涂膜表面出现气泡、针孔、皱皮等问题。

（6）走刷要平稳，用力要均匀，收刷时要均匀用力。

（7）施工人员涂刷清漆时，前一遍清漆干燥后要补腻子、磨砂纸，达到要求再涂刷下一遍，各层要结合牢固。

（8）施工人员走刷时如果感觉某一片段发滑，另一片段发涩，说明涂层不均匀，应将发滑部位的油向发涩部位涂刷。

（9）施工人员不宜在高温下作业，因为高温会使涂料内外干燥不均匀，形成表面皱纹。

（10）每一道漆后的砂纸打磨都必须彻底将刷痕打磨掉。

6. 粗糙

基层不干净、油漆内有杂质或尘土飞扬时施工，容易造成油漆表面粗糙。

应对措施：一方面在施工前后均应注意用湿布擦净表面，另一方面应杜绝在扫地扬尘或刮大风时涂刷油漆。

7. 涂刷面污染

油漆涂饰工程中保持五金、灯具、开关、插座及地面的干净、无污染非常重要。任何污染，即使再轻微也会影响美观和质量。涂刷面污染的应对措施如下：

（1）施工时门锁、拉手、插销等五金件及灯具、插座面板等应后装（可以事先把位置和门锁孔眼钻好），以确保五金洁净美观。

（2）如已安装完成，在涂刷前施工人员应通过分色纸粘贴、纸包、贴不干胶条、塑料布遮盖等方法对五金、灯具、电盒、地面等加以保护。

（3）如果发生污染，需用稀料及时进行擦洗，使五金、灯具、插座面板的原貌呈现出来。

任务评价

评价内容	评价标准	权重 %	得分
基础知识	掌握清漆施工的工艺要求	20	
	掌握混色磁漆工艺	30	
应用能力	在实际项目中灵活运用所学知识	50	

任务小结

通过本次任务的学习，同学们已经初步了解了室内木器涂料的种类及优缺点，掌握了木器表面施涂清漆的施工流程和工艺、施涂混色磁漆的施工流程和工艺，以及施工中应注意的质量问题及相应的处理措施。课后，同学们要收集室内木器涂料施工工艺相关的资料，并到室内装饰工程施工现场体验室内木器涂料的施工流程，将理论与实践紧密结合起来。

木蜡油施工工艺

能力测试

简答题

1. 木器清漆的施工工艺流程是什么？

2. 室内木器基层处理的步骤是什么？

3. 室内木器涂刷面污染的处理措施是什么？

拓展训练

1. 学生收集和整理关于室内木器涂料产品介绍的 PPT 文档 20 页。

2. 学生在教师的带领下到室内装饰工程施工现场体验室内木器涂料施工的操作流程和施工工艺，并撰写 800 字的体验报告。

参考文献

[1] 李继业 . 建筑装饰装修工程施工技术手册 [M]. 2 版 . 北京 : 化学工业出版社 ,2023.

[2] 吴飞 . 装饰装修工程细部节点做法与施工工艺图解 [M]. 北京 : 中国建筑工业出版社 ,2018.

[3] 理想 · 宅 . 室内装饰施工工艺 [M]. 北京 : 化学工业出版社 ,2020.

[4] 赵文瑾 . 装饰材料与构造 [M]. 北京 : 北京大学出版社 ,2021.

[5] 张绮曼 , 郑曙肠 . 室内设计资料集 [M]. 北京 : 中国建筑工业出版社 ,1991.

[6] 于四维 . 室内装饰材料与构造设计 [M]. 北京 : 化学工业出版社 ,2023.

[7] 解君 . 装饰材料与构造 [M]. 北京 : 中国青年出版社 ,2018.

[8] 张长江 . 材料与构造上（室内部分）[M]. 2 版 . 北京 : 中国建筑工业出版社 ,2017.

[9] 倪安葵 . 建筑装饰装修施工手册 [M]. 北京 : 中国建筑工业出版社 ,2021.

[10] 赫茨伯格 . 建筑学教程 1: 设计原理 [M]. 仲德 , 译 . 天津 : 天津大学出版社 ,2015.

[11] GB 50210—2018, 建筑装饰装修工程质量验收标准 [S].

[12] JGJ/T 304—2013, 住宅室内装饰装修工程质量验收规范 [S].

[13] GB 50327—2001, 住宅装饰装修工程施工规范 [S].

[14] GB 50354—2005, 建筑内部装修防火施工及验收规范 [S].

[15] GB 50303—2015, 建筑电气工程施工质量验收规范 [S].

[16] 王志鸿 . 环境艺术设计概论 / 艺术与设计系列 [Introduction to Environmental ART Design][M]. 北京 : 中国电力出版社，2020.